KB268905

Oi!

런던 판타지 여행

영화·드라마·소설 속의
런던 산책

초판 인쇄일 2016년 9월 19일
초판 발행일 2016년 9월 26일

지은이 이민정
발행인 박정모
등록번호 제9-295호
발행처 도서출판 혜지원
주소 (10881) 경기도 파주시 회동길 445-4(문발동 638) 302호
전화 031) 955-9221~5 팩스 031) 955-9220
홈페이지 www.hyejiwon.co.kr

기획 · 진행 김형진
디자인 김희진
영업마케팅 김남권, 황대일, 서지영
ISBN 978-89-8379-908-1
정가 14,000원

이 도서의 국립중앙도서관 출판시도서목록(CIP)은 서지정보유통지원시스템 홈페이지(http://seoji.nl.go.kr)와 국가
자료공동목록시스템(http://www.nl.go.kr/kolisnet)에서 이용하실 수 있습니다.(CIP제어번호 : CIP2016020607)

London

런던 판타지 여행

영화·드라마·소설 속의
런던 산책

혜지원

Prologue

"런던을 지루하게 느낀 사람은 그의 인생도 지루하다. 왜냐하면 런던에는 인생을 즐겁게
해주는 모든 것이 있기 때문이다."

- 사무엘 존슨

여행이 주는 설렘이 있다. 왠지 흥분되고, 뭔가 새로운 모험이 기다리고 있을 것 같
고, 운명적인 만남이 있을 것 같은, 모든 기대와 상상이 현실로 이루어질 것 같은 기
대감에 부푼다. 그래서 직장인들은 휴가를, 학생들은 방학을 손꼽아 기다리는지 모
르겠다. 인생에서 그런 사소한 희망이라도 있어서 하루하루를 알차게 보낼 수 있다
면, 또한 여행에서 또 다른 한주, 한 달을 힘차게 살아갈 수 있는 에너지를 얻는다면,
여행이 단순히 돈을 들여 먼 곳으로 떠나는 행위가 아니라 우리 인생에서 없어서는
안 될 꼭 필요한 그 무엇이 아닐까 생각한다. 적어도 내 경우는 그렇다.

가끔 지독한 현실에서 벗어나기 위해 무작정 여행길에 오르기도 한다. 여행에서 돌아와도 내가 두고 간 문제들은 그대로 남아있고, 해결해야 하는 것도 내 몫이다. 그러나 적어도 문제들을 해결하고자 하는 의지를 여행을 통한 재충전에서 얻는다. 그리고 여행을 통해 조금 거리를 두고 생각할 기회를 갖게 되면서 내가 너무 심각하게 받아들였던 문제가 별것 아니었다는 것을 깨닫는 여유도 조금은 얻는 것 같다.

전 세계를 빠짐없이 여행해보지 않아 영국 런던이 세상에서 가장 좋은 도시라고 말할 수는 없겠다. 그런데 분명히 런던에는 사람을 끄는 매력이 있다. 전 세계에서 물가가 가장 비싼 곳 중 한 곳임에도 불구하고 내가 새로운 도시들을 여행할 기회를 포기하면서까지 일곱 차례 이상 런던을 방문한 이유도 그 때문일 것이다. 일본과 몇 곳의 아시아 지역, 북미 지역, 스페인, 이탈리아, 프랑스, 독일, 헝가리 등의 유럽, 모로코 등의 아프리카, 몰디브, 뉴칼레도니아 등 여러 곳을 다녀봤지만 가장 기억에 남는 곳, 또는 가장 좋았던 곳을 꼽으라면 난 망설임 없이 런던이라고 말할 수 있다. 이 글을 쓰는 지금도 또 다시 런던 여행을 계획 중이다.

런던은 어떻게 나를 사로잡았을까? 영국은 셜록 홈즈, 제임스 본드, 미스터 다시 등 영국문화 속 캐릭터를 끊임없이 재창조해 매력적인 문화 아이콘, 문화 상품으로 만드는데 탁월하다. 영국문화를 계속 접하다 보면 문화 속 캐릭터

에 반하는 것은 물론, 그들이 입고 마시고 즐기는 그 모든 것에 반하고 체험하고 싶어진다. 그리고 이 모든 매력적인 영국문화의 정수가 런던에 집약돼있다.

소설과 영화 속 영국문화의 매력은 결국 나를 런던으로 이끌어 소설과 영화 속 내가 사랑했던 캐릭터가 갔던 곳을 방문하고, 먹었던 음식을 먹고, 산책하던 곳을 거닐게 만들었다.

런던을 풍요롭게 여행했던 것 같지는 않다. 그러나 런던은 비싼 물가 대신 주머니 가벼운 여행객들의 마음을 풍요롭게 해주는 장치들을 곳곳에 마련해 놓았다. 걷다 지칠만하면 나타나는 도시 전체를 뒤덮은 푸르른 공원, 무료 입장인 휘황찬란한 박물관과 미술관, 수준 높은 뮤지컬, 연극, 클래식 공연 등을 한국과 비교해 저렴한 가격에 볼 수 있는 것 등이 그것이다. 그러니까 특히 예술과 문화를 사랑하는 여행객들에게 런던은 거의 천국과 같은 곳이다.

미국 문화에 비해 한국인에게 덜 익숙하지만, 미국 문화와는 뭔가 다른 특색 있는 영국 문화에 반하는 사람들이 늘어나고 있다. 그들에게 내가 사랑한 영국 문화, 그들이 전하는 판타지 세계를 소개해주고 싶었다. 이 책을 읽는 독자들에게 내가 느꼈던 감동과 재미를 그대로 전달할 수 있기를 바란다. 그들을 영국 문화로 이끌어 삶이 풍요로워지기를, 기회가 된다면 영국으로 이끄는 계기가 되기를 기대해 본다.

Contents

⊰ Part 1. 런던 ⊱

---

01. 21세기 런던을 누비는 셜록 · 021

ALL
007

영국 전도
인버네스
Inverness
애버딘
Aberdeen
스코틀랜드
던디
Dundee
Edinburgh 에든버러
Glasgow 글래스고
영국
Newcastle
upon Tyne
뉴캐슬
어폰타임
노던
아일랜드
벨파스트
Belfast
맨섬
요크
York
더블린
Dublin
Manchester 맨체스터
Liverpool 리버풀
아일랜드
잉글랜드
케임브리지
Cambridge
Cork 코크
웨일즈
옥스퍼드
Oxford
런던
London
카디프
Cardiff
브리스톨
Bristol
콘월
Cornwall
플리머스
Plymouth
영국 해협

피츠로비아
풀러콘웰
영국 박물관
The British Museum
매릴번
소호
화이트 채플
Notting Hill
노팅힐
코벤트 가든
COVENT GARDEN
내셔널 갤러리
Bank of England
영국 중앙은행
런던 탑
Tower of London
하이드 파크
Hyde Park
메이페어
런던
LONDON
The Shard
더 샤드
사우스워크
켄싱턴
버킹엄 궁전
Buckingham Palace
Harrods
해로즈
나이츠
브리지
벨그라비아
국회의사당
Palace of Westminster
웨스트민스터
10 다우닝 스트리트
10 Downing Street
템스 강
램버스
크롬웰 로드
밀 브리지 로드
핌리코
첼시
템스 강
그로스베너 로드
버지스 공원
Burgess Park

런던 튜브 노선

Chesham
Chalfont & Latimer
Amersham
Watford
Croxley
Chorleywood
Rickmansworth
Moor Park
Northwood
Northwood Hills
Pinner
North Harrow
Harrow-on-the-Hill
West Harrow
West Ruislip
Hillingdon
Uxbridge
Ickenham
Ruislip
Ruislip Manor
Eastcote
Ruislip Gardens
Rayners Lane
South Harrow
South Ruislip
Sudbury Hill
Northolt
Sudbury Town
Alperton
Greenford
Perivale
Hanger Lane
Park Royal
North Ealing
Ealing Broadway
Ealing Common
West Acton
North Acton
Acton Central
South Acton
Acton Town
South Ealing
Northfields
Boston Manor
Osterley
Hounslow East
Hounslow West
Hounslow Central
Hatton Cross
Heathrow Terminals 1, 2, 3
Heathrow Terminal 4
Chiswick Park
Turnham Green
Stamford Brook
Ravenscourt Park
Gunnersbury
Kew Gardens
Richmond
Harrow & Wealdstone
Kenton
Preston Road
Northwick Park
South Kenton
North Wembley
Wembley Central
Stonebridge Park
Harlesden
Willesden Junction
Kensal Rise
Brondesbury Park
Brondesbury
Kensal Green
Queen's Park
Kilburn Park
Maida Vale
Warwick Avenue
Royal Oak
Westbourne Park
Paddington
Edgware Road
Marylebone
Ladbroke Grove
Latimer Road
East Acton
White City
Shepherd's Bush
Wood Lane
Shepherd's Bush Market
Goldhawk Road
Hammersmith
Barons Court
West Kensington
Kensington (Olympia)
Holland Park
Notting Hill Gate
Bayswater
Queensway
Lancaster Gate
Marble Arch
Bond Street
High Street Kensington
Hyde Park Corner
Knightsbridge
Gloucester Road
South Kensington
Earl's Court
West Brompton
Fulham Broadway
Parsons Green
Putney Bridge
East Putney
Southfields
Wimbledon Park
Wimbledon
Sloane Square
Victoria
St. James's Park
Westminster
Pimlico
Vauxhall
Stanmore
Canons Park
Queensbury
Kingsbury
Wembley Park
Neasden
Dollis Hill
Willesden Green
Kilburn
West Hampstead
Finchley Road
Swiss Cottage
St. John's Wood
Baker Street
Great Portland Street
Regent's Park
Oxford Circus
Warren Street
Edgware
Burnt Oak
Colindale
Hendon Central
Brent Cross
Golders Green
Hampstead
Hampstead Heath
Gospel Oak
Finchley Road & Frognal
Belsize Park
Chalk Farm
Camden Town
Kentish Town West
Camden Road
Mornington Crescent
Euston
Euston Square
High Barnet
Totteridge & Whetstone
Woodside Park
West Finchley
Mill Hill East
Finchley Central
East Finchley
Highgate
Archway
Tufnell Park
Kentish Town
Cockfosters
Oakwood
Southgate
Arnos Grove
Bounds Green
Wood Green
Turnpike Lane
Manor House
Arsenal
Holloway Road
Caledonian Road
Finsbury Park
Seven Sisters
Tottenham Hale
Blackhorse Road
Walthamstow Central
Highbury & Islington
Dalston Kingsland
Caledonian Road & Barnsbury
Hackney Central
Homerton
Hackney Wick
King's Cross St. Pancras
Angel
Old Street
Russell Square
Goodge Street
Tottenham Court Road
Holborn
Covent Garden
Leicester Square
Piccadilly Circus
Green Park
Charing Cross
Embankment
Temple
Blackfriars
Mansion House
Cannon Street
Farringdon
Barbican
Chancery Lane
St. Paul's
Bank
Moorgate
Liverpool Street
Aldgate
Aldgate East
Shoreditch
Monument
Tower Hill
Tower Gateway
River Thames
Waterloo
Southwark
Lambeth North
Elephant & Castle
Borough
London Bridge
Bermondsey
Kennington
Oval
Stockwell
Brixton
Clapham North
Clapham Common
Clapham South
Balham
Tooting Bec
Tooting Broadway
Colliers Wood
South Wimbledon
Morden
Bethnal Green
Mile End
Stepney Green
Whitechapel
Bow Road
Bow Church
Devons Road
All Saints
Shadwell
Limehouse
Westferry
Wapping
Rotherhithe
Canada Water
Surrey Quays
New Cross Gate
New Cross
Canary Wharf
Heron Quays
South Quay
Crossharbour & London Arena
Mudchute
Island Gardens
Cutty Sark for Maritime Greenwich
Greenwich
Deptford Bridge
Elverson Road
Lewisham
Poplar
Blackwall
East India
West India Quay
Pudding Mill Lane
Bromley-by-Bow
West Ham
Stratford
Canning Town
North Greenwich
Royal Victoria
Custom House for ExCeL
Prince Regent
Royal Albert
Beckton Park
Cyprus
Gallions Reach
Beckton
Silvertown
North Woolwich
Plaistow
Upton Park
East Ham
Barking
Upney
Becontree
Dagenham Heathway
Dagenham East
Elm Park
Hornchurch
Upminster Bridge
Upminster
Epping
Theydon Bois
Debden
Loughton
Buckhurst Hill
Roding Valley
Grange Hill
Chigwell
Hainault
Fairlop
Barkingside
Newbury Park
Redbridge
Gants Hill
Wanstead
Woodford
South Woodford
Snaresbrook
Leytonstone
Leyton
Bakerloo
Central
Peak hours only
Circle
District
Hammersmith & City
Jubilee
Metropolitan
Peak hours only
Peak hours and Sunday mornings East London
Northern
Piccadilly
Victoria
Waterloo & City
DLR (Docklands Light Railway)
National Rail

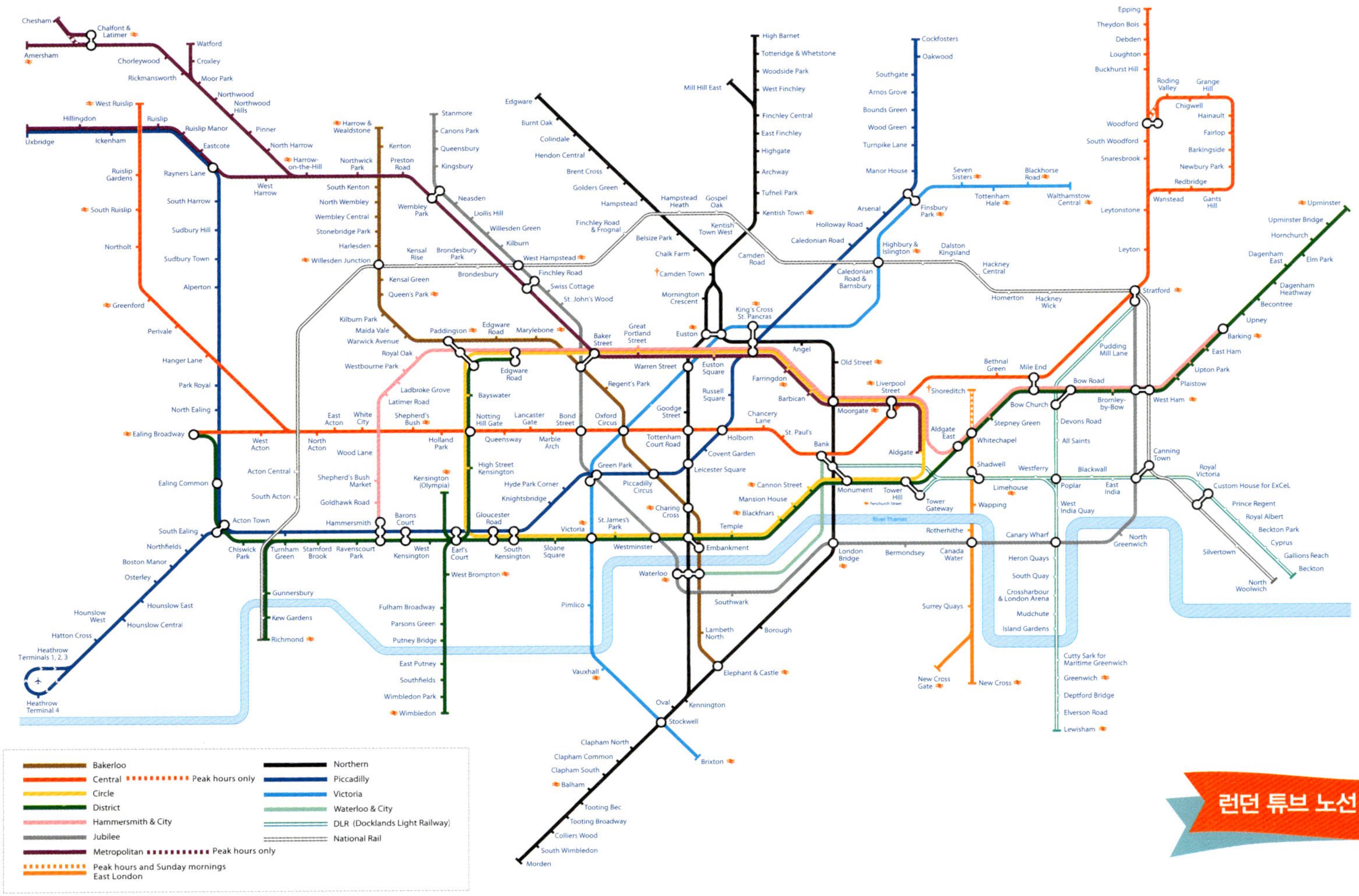

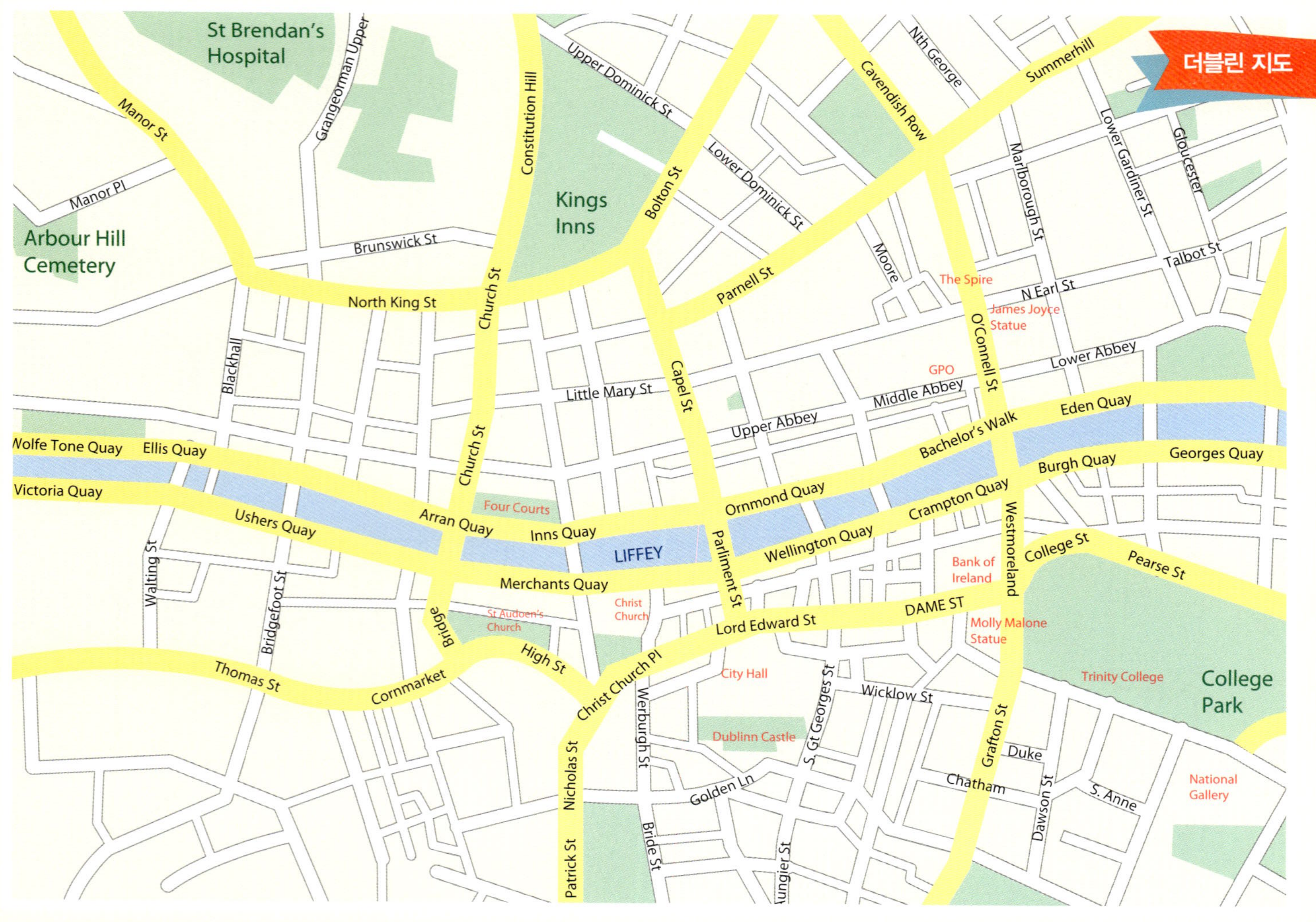
더블린 지도
St Brendan's Hospital
Grangeorman Upper
Constitution Hill
Upper Dominick St
Lower Dominick St
Cavendish Row
Nth George
Summerhill
Lower Gardiner St
Gloucester
Manor St
Manor Pl
Kings Inns
Bolton St
Marlborough St
Talbot St
Arbour Hill Cemetery
Brunswick St
Parnell St
Moore
The Spire
N Earl St
North King St
Church St
James Joyce Statue
O'Connell St
Lower Abbey
Capel St
GPO
Middle Abbey
Little Mary St
Upper Abbey
Bachelor's Walk
Eden Quay
Blackhall
Burgh Quay
Georges Quay
Wolfe Tone Quay
Ellis Quay
Ornmond Quay
Crampton Quay
Victoria Quay
Four Courts
Arran Quay
Inns Quay
LIFFEY
Parliment St
Wellington Quay
Westmoreland
College St
Pearse St
Ushers Quay
Walting St
Merchants Quay
Bank of Ireland
Bridgefoot St
Bridge
St Audoen's Church
Christ Church
Lord Edward St
DAME ST
Molly Malone Statue
Thomas St
Cornmarket
High St
Christ Church Pl
City Hall
Trinity College
College Park
Nicholas St
Werburgh St
Golden Ln
Wicklow St
S. Gt Georges St
Grafton St
Duke
Dawson St
S. Anne
Dublinn Castle
Patrick St
Bride St
Aungier St
Chatham
National Gallery

영국 왕조 연대표

827 ~ 1016 **색슨 왕조**

1017 ~ 1066 **데인 왕조**

노르만 왕조

1066 ~ 1087	정복왕 윌리엄 1세
1087 ~ 1100	윌리엄 2세
1100 ~ 1135	헨리 1세
1135 ~ 1154	스티븐 오브 블로아

플랜태저넷 왕조

1154 ~ 1189	헨리 2세
1189 ~ 1199	사자왕 리처드 1세
1199 ~ 1216	존 왕
1216 ~ 1272	헨리 3세
1272 ~ 1307	에드워드 2세
1307 ~ 1377	에드워드 3세
1377 ~ 1399	리처드 2세

랭커스터 왕조

1399 ~ 1413	헨리 4세
1413 ~ 1422	헨리 5세
1422 ~ 1461	헨리 6세

요크 왕조

1461 ~ 1483	에드워드 4세
1483	에드워드 5세
1483 ~ 1485	리처드 3세

작센-코부르크-고타 왕조
(1917년 이후 **윈저 왕조**로 이름 바꿈)

1901 ~ 1910	에드워드 7세
1910 ~ 1936	조지 5세
1936 ~ 1952	조지 6세
1952 ~ 현재	엘리자베스 2세

하노버 왕조

1714 ~ 1727	조지 1세
1727 ~ 1760	조지 2세
1760 ~ 1820	조지 3세
1820 ~ 1830	조지 4세
1830 ~ 1837	윌리엄 4세
1837 ~ 1901	빅토리아 여왕

스튜어트 왕조

1603 ~ 1625	제임스 1세
1625 ~ 1649	찰스 1세
1649 ~ 1660	공화국
1660 ~ 1685	찰스 2세
1685 ~ 1689	제임스 2세
1689 ~ 1694	메리 2세, 윌리엄 3세 공동 통치
1694 ~ 1702	윌리엄 3세
1702 ~ 1714	앤 여왕

튜더 왕조

1485 ~ 1509	헨리 7세
1509 ~ 1547	헨리 8세
1547 ~ 1553	에드워드 6세
1553 ~ 1588	메리 1세
1588 ~ 1603	엘리자베스 1세

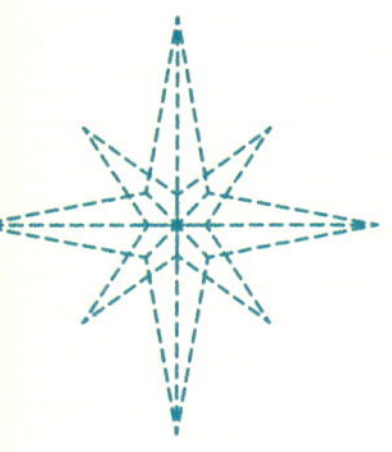

Part 1 런던

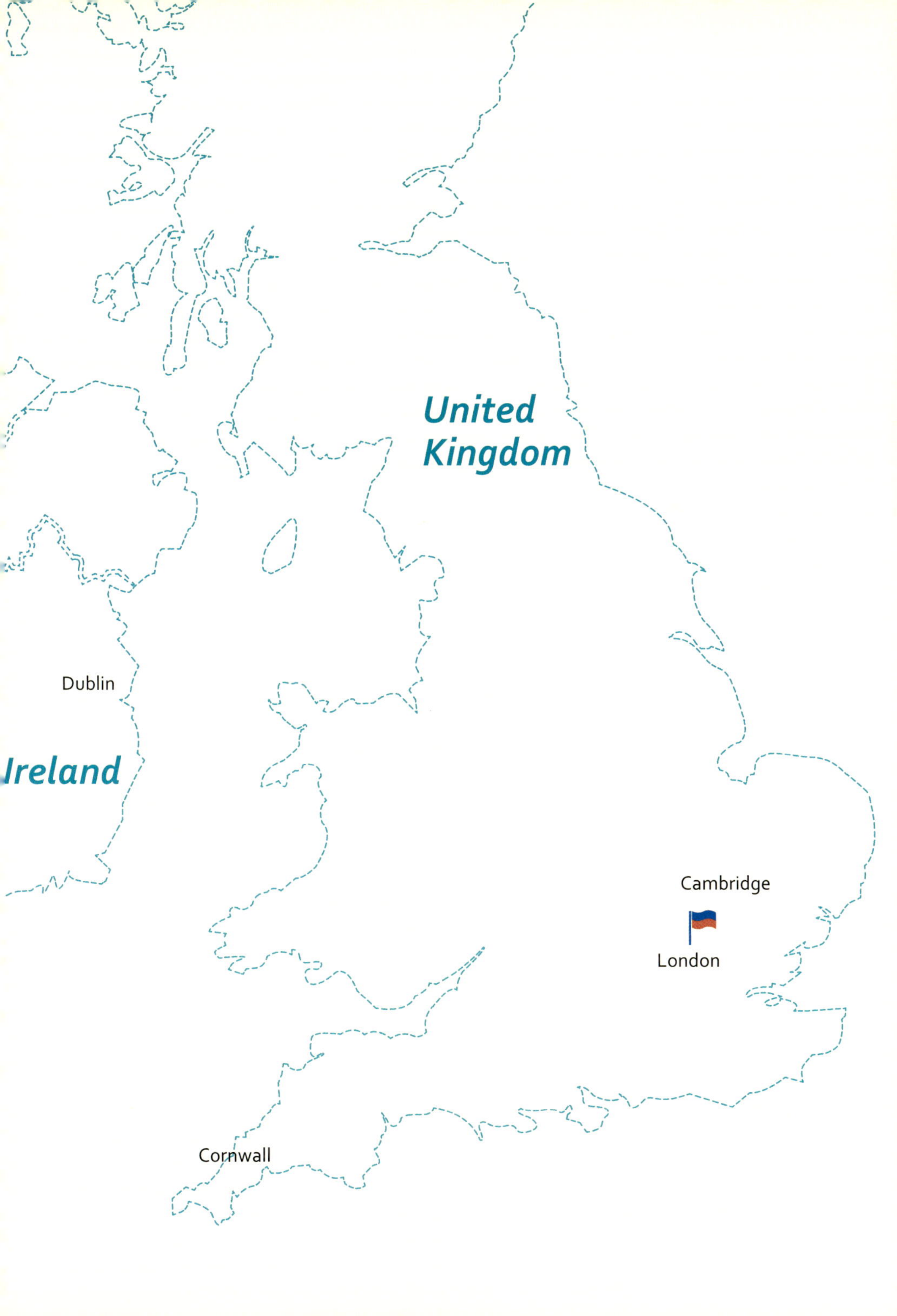

United Kingdom
Ireland
Dublin
Cambridge
London
Cornwall

런던 London ....

나를 영국, 그 중에서도 런던을 꿈꾸게 만들고 결국 이곳으로 이끈 것은 영국 작가의 소설들이다. 어린 시절 셜록 홈즈 시리즈와 007시리즈를 즐겨 읽으면서 나도 언젠가 그들의 역사가 탄생한 곳, 그들이 누볐던 곳을 직접 다니며 눈으로 보고 느끼고 싶었다. 셜록 홈즈는 각각 영화와 드라마로 만들어지면서 영국에 대한 판타지를 더욱 고취시켰다. '오만과 편견', '엠마', '설득' 등 로맨스 소설의 대가 제인 오스틴의 작품들은 어떤가. 영화 '러브 액추얼리'는 또 어떤가. 영국에 가면 나도 왠지 로맨스 소설의 주인공이 될 수 있을 것만 같은 꿈을 꾸게 만들었다. 실제 여행한 런던은 나에게 더 많은 것들을 안겨주었다. 본드, 홈즈가 거닐던 곳을 내 발로 딛고 섰을 때 악당을 쫓아 런던을 종횡무진으로 움직이던 그들의 뜨거운 에너지가 느껴지는 것 같아 짜릿했다. 세계에서 가장 번잡한 공항 중 하나인 런던 히스로공항도 영화 '러브 액추얼리'로 인해 세상에서 가장 로맨틱한 장소로 느껴졌다.

01

21세기
런던을 누비는 셜록

어렸을 때 살던 집에는 책이 가득했다. 4개의 벽면을 책장으로 가득 채운 책방 겸 옷방이 있었는데 책장 앞 옷걸이에 걸린 옷들을 헤치고 뒤쪽에 숨어있는 책들을 찾아보는 재미가 쏠쏠했다. 엄마는 자녀들이 고전을 자주 읽기를 바라셨는지 주로 세계명작 전집을 출판사별로 꽂아놓으셨고, 덕분에 '바람과 함께 사라지다', '노인과 바다', '누구를 위해 종은 울리나' 등의 고전들은 4권씩 있었다. 아빠는 취미가 약간 달라서 탐정추리물을 몇 권씩 사놓으셨는데, 그 중에서 표지가 새까만 '셜록 홈즈:바스커빌 가의 개'를 우연히 펴 보게 됐다. 책장에 글자가 빽빽한 것이 분명 청소년이 볼 책은 아니라는 느낌을 받은 기억이 난다. 그럼에도 끝까지 읽었다. 그때부터였던 것 같다. 나의 추리 능력을 자극하던 추리소설에 빠졌던 것이.

2000년대 들어서야 CSI 시리즈, Bones 시리즈, Criminal Minds 등 영상화된 추리 탐정 미드가 하나의 문화로 자리 잡았지만, 내가 중고등학생이던 90년대에는 쉽게 접할 수 있는 추리물은 소설밖에 없었다. 아가사 크리스티, 코넌 도일 등의 작품을 즐겨 읽었는데, 특히 코넌 도일이 만들어낸 인물인 셜록 홈즈에 흠뻑 빠졌었다. 잘생기지 않았지만 똑똑해서 어려운 추리도 척척 풀어가는 모습도 멋져 보였고, 명석한 두뇌에서 나오는 자신감이 바탕이 된 시니컬함도 매력적으로 다가왔다. 아마 현대의 표현을 빌리자면 '뇌가 섹시한 남자'의 상위그룹에 올랐지 않았을까 싶다.

셜록 홈즈는 의학박사 출신 영국 작가 코넌 도일(1859~1930)이 소설 속에서 만들어 낸 명탐정이다. 1887년 작 '주홍색의 연구'에 처음 등장하는데, 이후 도일의 장편소설 4편, 단편소설 56편에 등장해 활약한다. 어렸을 때는 코넌 도일이 영국 작가이고, 또한 그가 만들어 낸 셜록 홈즈라는 인물도 영국인이라는 사실을 자각하지 못했다. 그냥 이름이 한국 이름과 다른 서양인, 우리나라 밖의 다른 나라에서 벌어지는 일이라고 생각했다. 그때는 소설이 지어낸 이야기라는 것을 제대로 인지하지 못해서 실제 일어난 일을 책으로 쓴 것으로 생각했었다. 실제 일어난 일을 내가 글로 읽고 있다고 생각했으니 얼마나 흥미진진했겠는가. 더욱 스토리에 흠뻑 빠지게 됐다. 나도 셜록처럼 경찰들이 어려워 쩔쩔매는 문제를 아주 쉽게 풀어내는 능력을 갖추고 종횡무진 영국을 누비며 사건들을 해결하고 싶어졌다. 물론 나이가 들면서 그런 허황된 꿈들은 조금씩 퇴색되긴 했지만, 그때 책을 읽으면서 가졌던 상상력과 희망 등은 여전히 살아가는 데 약간의 버팀목이 되는 것 같다.

10대를 벗어나 20~30대 셜록 홈즈를 보면서 든 느낌은 달라졌다. 아마 소설의 커다란 줄거리를 그대로 두고 영화, 드라마 등 다양한 영상물을 통해 셜록을 살아있는 인물로 재창조해 내면서(물론 셜록 분장을 한 배우이기는 하지만) 캐릭터의 매력이 배가 된 것 같았다. 특히 영국 공영방송 BBC가 2010년부터 시리즈당 3편의 에피소드로 선보이고 있는 드라마 '셜록'이 탄생한지 120년이 넘는 21세기에 전 세계에 셜록 센세이션을 불러 일이키는 데 지대한 공헌을 하지 않았나 싶다. 소설 속 셜록이 키가 6피트(180cm)에, 얼굴이 살집이 없고 매부리코에 턱이 각져 기민한 인상을 주는 것으로 묘사되는데, 드라마에서 셜록을 맡은 영국 배우 베네딕트 캠버바치 역시 키가 183cm로 크고 얼굴이 날렵해 이미지가 얼추 들어맞는다. 개인적으로는 소설 속 셜록이 이 배우보다는 훨씬 멋질 것이라고 상상해보지만 캠버바치라는 익숙하지 않고, 또 잘생기지도 않았지만 셜록 특유의 명석함과 시니컬함, 우쭐거리는 모습을 맛깔나게 표현한 배우 덕분에 드라마가 공전의 히트를 기록했다는 사실에는 동의하지 않을 수 없다.

2013년 11월, 내가 마지막으로 영국을 방문한 게 2006년이었으니 거의 7년 만에 다시 영국 땅을 밟게 됐다. 그해 9월 아일랜드 더블린에서 대학원 석사 과정을 시작했는데, 매 학기 6주마다 한 주씩 수업이 없는 리딩 위크가 주어진다. 그동안 빡빡한 수업 따라 가느라 대충 봤던 논문들을 시간을 가지고 충분히 읽고, 밀린 에세이 과제들도 쓰고, 잠도 보충하라는 취지에서 학생들에게 주어지는 정말 은혜로운 시간이다. 그런데 내 아이리시 친구들은 이 기간을 수업이 있는 기간보다 훨씬 더 알차게 보낸다. 일주일을 온전히 과제에만 몰두하는 것이라 2~3일에 걸쳐 잠도 안자고 밀린 과제들을 해놓고, 이후에 여행을 떠나는 식이다. 나도 시간을 더 효율적으로 쓰고 남은 시간에 여행을 해야겠다는 생각이 들었다.

대학원에서 첫 리딩 위크가 주어졌을 때 나는 망설이지 않고 첫 여행지로 런던을 택했다. 셜록은 어릴 때 우상이었고 아일랜드 유학을 앞두고 영어 공부를 하기 위해 드라마 셜록을 질리도록 돌려보면서 런던 여행을 손꼽아 기다렸다. 런던아이, 빅벤, 국회의사당, 트라팔가 광장 등 셜록 드라마 광고 배경으로 등장하는 런던 주요 명소, 셜록이 파트너 닥터 왓슨과 활보하던 런던 시내를 다시 밟을 수 있는 기회를 놓칠 수 없었다. 또한 더블린이 유럽 최대 항공사인 라이언에어의 본사가 있는 곳이고, 덕분에 더블린과 유럽 주요 도시들을 실어 나르는 무수히 많은 저가 항공편이 있었다. 이 점은 내가 더블린에 1년 동안 살면서 잠시나마 누린 엄청난 행운이었다. 덕분에 런던에 가고 싶을 때마다 크게 비용을 들이지 않고 갈 수 있었다. 한국에서 런던을 가려면 비행기로 12시간 이상 걸리고, 비수기에도 80~90만 원(2016년 기준) 안팎이 드는 등, 항공료가 비싼 점을 감안하면 더블린에 머물면서 비행기로 약 1시간 거리라 가깝고, 10만 원 내외로 다녀올 수 있다는 것은 축복이었다.

버킹엄 궁전과 빅토리아 여왕 기념비

여왕이 의뢰인? 버킹엄 궁전에 간 셜록

지금까지 나온 드라마 '셜록' 총 3개의 시즌, 9개의 에피소드 가운데 제일 재밌게 봤던 에피소드를 꼽으라면 나는 망설이지 않고 시즌 2의 첫 번째 에피소드 '벨그라비아 스캔들'을 들 것이다. 3개의 시즌 가운데 유일하게 여성을 향한 셜록의 미묘한 감정의 동요를 엿볼 수 있는 에피소드이기 때문이다.

셜록의 마음을 흔든 여성 아이린 애들러는 여성들을 상대로 성적 판타지를 충족시켜 주는 서비스를 운영하는 고급 콜걸인데, 영국 왕실로는 외부에 공개되면 치명적인, 공주와 관련된 사진을 보관하고 있다. 영국 왕실은 스캔들이 날까 두려워 셜록의 형이자 국가정보부 소속 마이크로프트에 연락해 셜록에게 사진을 회수해 줄 것을 요청한다. 셜록과 닥터 왓슨이 이 사건에 대한 의뢰를 받는 장소가 버킹엄 궁전이다. 셜록이 익명의 의뢰는 받지 않겠다고 거부하자 수건 차림으로 끌려온 곳이다. 셜록은

LONDON FANTASY TOUR

의뢰가 일어나는 장소, 의뢰 대리인의 옷차림과 습관 등을 파악해 의뢰인이 영국 여왕이라는 것과 외부로 알려져서 안 되는 사진의 주인공이 공주라는 것도 추리해낸다.

버킹엄 궁전은 런던 웨스트민스터 지역에 위치에 있으며 런던 최대 상업지구인 트라팔가 광장에서 피카딜리 서커스를 지나 더몰 거리를 따라 약 20분 걸으면 나온다. 버킹엄 궁전은 영국 왕실의 사무실이자 집이며 국빈을 맞이하는 공식적인 장소다. 궁전 앞에는 영국 최고의 전성기를 구가한 빅토리아 여왕의 기념비가 황금빛을 발하며 위풍당당하게 서있다. 꼭대기에 있는 황금 천사 조각(브라타니아 여신)이 마치 궁전의 수호 천사처럼 사방을 비추고 있다.

내셔널 갤러리와 트라팔가 광장

트라팔가 광장과 넬슨 제독 동상

버킹엄 궁전은 원래 버킹엄 공작의 집으로 지어졌는데 1762년 조지 3세가 왕비 샤를로테를 위해 구입했다. 그후 조지 5세가 당대 최고의 건축가 존 내쉬에게 명해 개축했는데, 건축비용이 많이 들어 국민들의 비난을 사기도 했다. 개축이 계획대로 진행되지 않으면서 결국 전체적으로 조화롭지 못한 궁전이라는 평가를 받기도 하지만, 그래도 왕실의 중후하고 웅장한 분위기를 만끽할 수 있는 곳으로 관광객들이 빠지지 않고 들리는 필수 코스 가운데 하나다. 1837년 빅토리아 여왕이 즉위한 이후 국왕이 상주하는 궁전이 됐다.

셜록과 닥터 왓슨이 헬기에 태워져 끌려가는 곳의 외관은 분명 버킹엄 궁전이다. 그러나 그들이 맡을 사건의 세부적인 내용을 듣는 곳은 버킹엄 궁전 내부처럼 꾸며진 골드스미스홀이다. 버킹엄 궁전 외관은 찍을 수 있었지만 내부의 촬영이 허가되지 않아 이곳을 버킹엄 궁전처럼 꾸몄다. 골드스미스홀은 귀족들이 사용하는 금, 은 장신구 등을 만드는 골드스미스 컴퍼니가 소유한 건물 가운데 하나다. 이곳의 몇몇 장소는 오픈되어 가이드와 함께 투어를 할 수 있다고 한다.

여행 팁

버킹엄 궁전의 최고의 하이라이트는 오전 11시 30분(5~7월 매일, 8~4월 격일)에 열리는 근위병 교대식이다. 교대식이 진행되는 동안 궁전 앞은 차량이 통제되고 퍼레이드가 펼쳐진다. 그러나 근위병 교대식 일정은 왕실 주요행사가 있거나 국빈이 궁에 머무르는 경우 예고 없이 바뀌기도 하기 때문에 현지에서 스케줄을 확인하는 것이 좋다.

아이린 애들러의 슬픈 배경, 세인트폴

간만에 자신의 흥미를 불러일으키는 사건을 맡은 셜록은 닥터 왓슨과 함께 미스터리한 인물 아이린 애들러를 찾아간다. 상대방이 입고 있는 옷(옷에 베인 담배 냄새나 강아지 털 등 불순물), 가지고 있는 물건 등을 관찰해 그 사람에 대해 추리하는 셜록의 능력을 익히 알고 있는 아이린은 'my battle dress'(나의 전투용 드레스)라며 아무것도 입지 않고, 아무것도 들고 있지 않은 채 셜록을 맞이한다. 셜록은 당황한다.

그들의 첫 만남 이후 사진이 들어 있는 아이린의 휴대전화를 뺏으려는 셜록과 지키려는 아이린의 쫓고 쫓기는 치열한 두뇌 싸움이 벌어진다. 아이린은 목적이 있는 유혹이라는 것을 굳이 숨기려 하지 않고 저돌적으로 셜록에게 대시한다. 자신이 그렇게 해도 모든 남자들이 그렇듯 셜록 역시 넘어올 것이라 예상한 것이다. 셜록은 그녀의 계획을 이미 알고 있다는 듯 그녀의 모든 접근을 무심히 받아친다. 밀어붙이는 아이린, 그리고 그녀의 모든 공격에 철벽 수비를 하는 셜록, 그러나 끝없이 팽팽한 평행선을 달릴 것 같은 이들 관계에 어느새 미묘한 감정의 기류가 흐르면서 셜록과 아이린 모두 낯선 감정에 당황하기 시작한다.

셜록 역시 이러한 감정을 느꼈을 수도 있지만, 아이린이 먼저였으리라 생각된다. 장난을 가장한 문자를 57통이나 보내며 셜록의 답장을 기다린 쪽은 아이린이기 때문이다. 새해를 알리는 타종이 울리는 가운데 화려하지만 쓸쓸해 보이는 아이린이 밀레니엄 브릿지를 건너고 있을 때 셜록에게 드디어 답문이 온다. 'Happy New Year-SH'. 그 문자를 보고 멈춰서 아이린은 미소 짓는다. 셜록이 자신의 유혹에 넘어왔다는 회심의 미소인지, 그토록 기다렸던 셜록으로부터 문자를 받아 기쁘다는 미소인지 알 수 없는 미소 뒤로 웅장한 세인트폴 성당이 보인다.

세인트폴 대성당

세인트폴 대성당은 시티오브런던의 서쪽 입구에 위치해 있다. 웨스트민스터 사원이 왕족 중심의 공간이었다면 세인트폴 대성당은 대중과 함께한 곳이다. 1666년 런던 대화재 때 완전히 불에 탄 것을 영국의 국민 건축가 크리스토퍼 렌(Sir Cristopher James Wren, 1632-1723)이 재건해 냈다. 런던의 웬만한 건물 옥상에서 봐도 우뚝 솟은 돔을 볼 수 있을 정도로 크고 웅장하다. 2차 세계대전 당시 독일군의 런던 공습이 끝나고 집 밖으로 겨우 빠져나온 사람들은 뿌연 먼지 속에서 우뚝 솟은 세인트폴 돔을 마주했다. 독일의 공습이 며칠이나 이어졌고 폭격의 피해가 엄청났는데, 당시 수상이었던 윈스턴 처칠이 무슨 일이 있어도 세인트폴은 지키라는 엄명을 내렸고, 실제 시민 방위군들이 세인트폴 지붕에 떨어져 내부 제단까지 망가뜨린 불발탄을 직접 꺼내는 희생을 바탕으로 세인트폴은 피해는 입었지만 온전한 형태를 보존할 수 있었다고 한다. 공습이 중단된 틈을 타 가까스로 밖으로 빠져 나온 런던 시민들은 그 자리를 굳건히 지키고 있는 세인트폴을 보고 다시 싸울 용기를 얻었다고 한다.

세인트폴 대성당 입구에 들어서면 중앙에 놓인 큰 대리석에 전쟁 당시 영국인들의 불굴의 정신을 기리는 내용이 새겨져 있다. 안으로 들어가면 화려한 스테인리스 장식을 통해 들어온 햇살이 성당 내부를 '마치 천국이라면 이런 곳'이라는 느낌이 들 정도로 청명하고 평온하게 비춘다. 지난 1981년 찰스 왕세자와 다이애나비가 여기서 결혼식을 올렸는데, 왕실의 결혼 장소로 택할 만큼 아름다운 곳이라는 생각이 들었다. 세인트폴은 지하에는 윈스턴 처칠, 넬슨 제독, 나이팅게일 등 업적을 남긴 사람들의 묘가 안장돼 있다. 시간을 맞춰 가면 미사를 드릴 수도 있다.

낮에 보는 세인트폴도 분명 멋있다. 햇살이 쨍한 날 성당 앞 계단에 앉아 여유롭게 햇살을 쬐며 담소를 나누는 사람들을 바라만 봐도 행복해 진다. 도시 한복판에 시민들이 자랑스러워하는 건물이 있고 그곳을 자유롭게 즐길 수 있다니 마냥 부러웠다. 나도 그곳에 앉아 그날의 추억들을 정리하고, 물을 마시고, 친구와 이야기하며 마냥 시간을 보내기도 했다. 하지만 개인적으로 더욱 좋아했던 것은 밤의 세인트폴이다. 아니 정확히 말하면 해질 무렵 해는 사라지고 밤을 밝히기 위한 거리의 조명이 켜지기 직전 세인트폴이다. 런던 여행 시절 하루를 마감하며 생각을 정리하기 위해 저녁의 사우스뱅크 지역 산책을 빼놓지 않았다. 밀레니엄 브릿지에 올라 세인트폴을 마주보며 걸어갈 때 모든 소리와 빛이 사라져 고요하고 적막한 가운데 오로지 내 앞에는 세인트폴이 있고, 커다란 성당과 돔이 점점 내 앞으로 다가오는 순간 느꼈던 경건함과 아름다움을 지금도 잊을 수 없다.

여행 팁

세인트폴의 입장료는 성인 18파운드로, 런던의 유명 박물관과 미술관이 무료인 것과 비교하면 비싸다. 그러나 고풍스럽고 웅장한 성당 내부를 관람하고 500여 개의 계단을 올라가 돔 꼭대기에서 런던 시내를 조망하는 것은 해볼 만한 경험이다. 또한 돔을 오르는 도중에 만나는 위스퍼링 갤러리의 벽에 대고 속삭이면 32미터나 떨어진 곳에서도 소리가 전혀 왜곡되지 않고 전달되는 오묘한 경험도 할 수 있다.

* 환율 : 2016년 8월 기준 1파운드 = 1,450~1,500원

셜록과 아이린의 밀당, "I AM SHERLOCKED."

드라마 후반부 승기를 잡은 아이린은 그동안 자신의 관심이 셜록을 유혹해 자기 의도대로 이용하려는 목적이었던 것을 몰랐냐며 셜록을 비웃는데, 셜록은 이에 대해 별말 없이 뭔가를 골똘히 생각한다. 드라마를 보는 시청자는 그녀가 셜록을 가지고 논 냉혈안일 뿐 이라고 믿기 시작한다. 그때 셜록이 공주의 사진과 함께 비싼 가격에 팔아넘기려던 영국 기밀 정보 등이 저장돼 있는 아이린의 휴대전화 비밀번호를 푼다. 'I AM XXXXLOCKED.'에 들어갈 네 개의 비밀번호는 'SHER'였던 것. 즉 그녀의 비밀번호 내용은 'I AM SHERLOCKED.'(난 셜록에게 완전히 사로잡혔어요.) 정도가 될 것이다. 결국 셜록이 비밀번호를 풀면서 그녀가 테러리스트에게 넘기지 않는 대가로 영국 정부에 요구했던 엄청난 보상은 모두 물거품이 된다.

비밀번호를 어떻게 풀었는지 셜록이 회상하는 부분은 이 에피소드의 결정적 장면이다. 아이린이 "오늘이 세상의 마지막 날이라면 나와 저녁을 먹겠어요?"라고 또 한 번의 유혹을 감행할 때 셜록은 우연히 그녀의 손을 잡고 그녀의 얼굴을 보았는데, 그때 아이린의 맥박은 빠르게 뛰었고 동공은 팽창했다. 좋아하는 사람을 앞에 두고 설렘을 느끼는 사람이 전형적으로 보이는 신체 반응이다. 셜록은 그녀가 거짓이 아니라 진심으로 그에게 감정을 느낀다는 것을 간파했다. 그래서 그녀가 자신의 목숨처럼 중요하게 여기는 휴대전화 비밀번호로 자신의 마음을 빼앗긴 셜록의 이름을 걸어 놨다는 결론을 내릴 수 있었던 것이다.

"당신한테 이것(휴대전화)은 더 사적이고 중요해. 이것은 당신 심장이지. 무작위로 번호를 골랐다면 안전했을 텐데 그러질 못했어. 머리가 심장에 휘둘린 거지. 사랑은 위험한 약점이라고 늘 생각해 왔는데 당신 덕분에 오늘 증명이 됐군."

자기의 관심이 가장이었을 뿐이었다고, 셜록을 완벽하게 속였다고 자만한 아이린,

자신의 감정을 들키고 그것을 비웃는 셜록이 쏟아내는 차가운 말들에 망연자실한다. 여기까지 보면 셜록은 어떠한 이성간의 감정도 불가능한 인간, 자신의 목적을 위해 자신이 그녀에게 빠지고 있다고 믿게 만들고, 결국 그녀의 뒤통수를 친 아주 냉혈한 인간인 것 같다. 아이린이 분명 악당이고 셜록은 영국을 위해 아주 어려운 문제를 해결한 영웅인데 이쯤 되면 아이린이 더 불쌍하다. 그런데 또 반전이 있다. 자신의 신변을 보호해 줄 모든 것을 잃은 아이린이 테러단체에 붙잡혀 참수당할 위기에 처하자 복면을 쓴 누군가 다가온다. 바로 셜록이다. 그 후 아이린은 더 이상 등장하지 않지만 셜록에 의해 구조되고, 셜록 역시 그녀에게 작은 감정이 있었다는 추억을 안고 어딘가에서 살아가고 있다는 것을 시청자들은 짐작하게 된다.

원작가 코넌 아서 도일이 셜록 홈즈 시리즈를 쓸 때 미래에 무선전화 기계가 등장하고, 어떤 콘텐츠에 접근하기 위해서는 ID와 비밀번호가 필요할 것이라는 것을 알았

을까? 셜록 드라마 각본가가 'sherlocked'라는 멋진 비밀번호를 만들어낸 것은 정말 창의적이다. 그런데 'lock'이라는 문구를 넣어 주인공의 이름을 지은 도일의 선견지명 역시 감탄을 자아낸다.

셜록과 닥터 왓슨의 아지트, 스피디 카페

스피디 카페

드라마 상에서 셜록과 닥터 왓슨의 집 바로 옆에 있어 그들이 자주 가던 카페로 등장하는 곳이다.

드라마의 시즌 1 에피소드 1에서 셜록이 왓슨에게 찾아오라고 알려주는 주소는 베이커스트리트 221B다. 그러나 드라마에서 베이커스트리트 221B로 등장한 그곳은 실제로는 유스턴스퀘어 역 근처에 위치한 North Gower Street에 있고 주소도 187번지다. 실제 베이커스트리트는 셜록 홈즈 박물관이 있는 곳으로 유명하다. 베이커스트리트에 221B는 원래 없는 주소였지만 도로 정비 후 셜록홈즈 박물관이 그 주소를 얻게 되면서 관광명소로 자리 잡게 됐다. 이런 연유로 셜록의 집 옆에 있던, 셜록과 왓슨이 자주 가던 '카페 스피디'도 실제로는 North Gower Street에 있다. 이곳은 다행히 현실 세계에서도 카페로 존재한다. 셜록을 좋아하는 팬들에게 반가운 일이 아닐 수 없다.

구글맵, 스테이닷컴 등 출발지와 목적지만 입력하면 목적지까지 최단 경로를 알려주는 편리한 애플리케이션 덕분에 여행이 한층 편해지고, 길 위에서의 시간 낭비를 줄이다 보니 전체적으로 여행의 질도 높아지는 것 같다. 인터넷 검색을 해보니 내가 머물던 숙소가 있던 킹스크로스 역에서 스피디 카페는 걸어서 20~30분 거리였다. 내가 런던을 좋아하는 이유 중 하나가 주요 볼거리가 대체로 시내 중심부인 1존(Zone)에 모여 있어 마음만 먹으면 얼마든지 걸어서 이동할 수 있다는 것이다. 킹스크로스 역에서 오른쪽 코너를 돌아 유스톤스퀘어 역 북쪽 출구에서 또 한 번 오른쪽으로 돌면 붉은 천막의 스피디 카페가 눈에 띈다. 두근거리는 마음을 안고 그곳으로 향한다. 밖에도 테이블이 2개 정도 나와 있는데 오가는 사람들을 구경하며 런더너처럼 먹어볼까도 싶었지만 방문했던 시기가 11월이라 쌀쌀해 일단 내부에 자리를 잡고 앉기로 했다.

실내는 드라마 속에 나온 것처럼 아담하고 소박했다. 셜록 촬영 이전에도 현지인들이 많이 찾는 카페로 유명했는데, 그날 역시 런더너들(억양으로 짐작해)이 꽤 있는 것 같았다. 또한 셜록 방송 이후 나처럼 스피디 카페를 성지 순례하듯 오는 여행객들도 많아 날씨가 꽤 좋지 않음에도 한국인을 비롯한 다양한 국적의 사람들로 붐볐다. 제일 먼저 눈에 띄는 것은 셜록과 닥터 왓슨이 이 가게에 온 것을 기념하기 위해 찍

스피디 카페 내부

배우들 사진

은 사진이었다. '셜록과 왓슨이 이곳에서 촬영할 때 왔어야 하는데……' 하는
아쉬운 마음에 벽에 걸려있는 사진들을 떼어 오고 싶었지만 '어글리 코리언'
이 될까봐 관뒀다.

사람들이 많아 15분쯤 기다렸을까? 구석에 겨우 난 2인석 테이블에 친구와
짐을 풀고 앉아 테이블에 놓여있는 메뉴판을 탐독했다. '오 저렴해!' 친구와
나는 눈을 동그랗게 뜨고 서로를 쳐다봤다. 런던에서의 외식은 맛과 상관없
이 비싼 것에 치를 떨었던 우리는 달걀 2개, 베이컨, 소시지, 토마토, 콩, 토
스트 등이 들어있는 '풀 잉글리쉬 블랙퍼스트' 메뉴를 4.40파운드(당시 환율
로 약 1만 원)에 먹을 수 있다는 사실이, 1만 원이 한국에서는 그렇게 저렴한
가격이 아님에도 거의 축복으로 느껴졌다. 풀 잉글리쉬 브랙퍼스트와 에그,
버거, 베이컨, 버섯, 감자칩, 양파, 토스트 한 쪽이 나오는 이 가게의 추천메
뉴, 그리고 여행객들이 많이 찾는다는 '스피디 블랙퍼스트'(4.40파운드)를 시
켜 나눠 먹기로 했다.

스피디 블랙퍼스트

드디어 음식 등장! 모두 기름기가 많은 음식이라 순간 느끼하겠다는 생각이 머리를 스치기도 했지만 여행객은 항상 배가 고프고, 또 기회가 날 때마다 에너지를 충분히 축적해놔야 한다는 생각에 그 많던 음식이 어느새 자취를 감추기 시작했다. 나도 더블린에 있을 때 비슷한 재료를 사다가 잉글리시 블랙퍼스트를 해먹곤 했었는데, 재료가 비슷하면서도 달라서 그런지, 양념이 다른 건지, 셜록의 자취가 남아있는 곳에서 식사를 한다는 분위기 때문이었는지, 값을 지불하고 먹어서 그런지, 스피디 카페에서 먹었던 그 맛이 나지 않았다. 한국에 돌아와서도 마트에서 재료를 사다 만들어 봤지만 역시 그 맛이 나지 않았다.

셜록과 닥터 왓슨의 종횡무진, 트라팔가 광장

셜록과 닥터 왓슨이 활보하던 트라팔가 광장으로 가보기로 했다. 시즌 1, 에피소드 2 '더 블라인드 뱅커'에서 셜록이 코트 자락을 휘날리며 다도 연구가 '수린 야오'를 만나러 내셔널 갤러리에 가는 장면이 나온다. 카메라는 트라팔라 광장의 넬슨 제독 기념비를 비추고 갤러리 계단을 힘차게 올라오는 셜록과 닥터 왓슨의 모습이 클로즈업된다.

트라팔가 광장은 세계 3대 해전으로 꼽히는 1805년 스페인 남부해협 트라팔가 해전에서 승리한 영국의 넬슨 제독을 기리기 위해 영국 건축가 존 내시(John Nash)가 1830년 설계한 곳이다. 트라팔가 해전에서 스페인·프랑스 연합군은 수십 척의 배를 잃었지만 영국 해군은 한 척도 잃지 않았고, 이 해전에서의 승리로 말미암아 영국

내셔널 갤러리와 헨리 하벨록 장군 동상

은 세계 해상권을 장악한 대영제국으로 거듭나게 된다. 그러나 넬슨 제독은 이 전투에서 적이 쏜 총에 맞아 죽고 만다.

광장 중앙에는 높이가 50m인 뽀족 솟은 넬슨의 기념비가 세워져 있고, 꼭대기에는 넬슨 동상이 얹혀 있는데, 실제 넬슨 장군 동상은 5m 가량으로 덩치가 큼에도 불구하고 기념비 자체가 너무 높아 고개를 뒤로 힘껏 젖혀서 봐도 동상이 잘 보이지는 않는다. 넓게 펼쳐진 광장, 화려한 분수대, 광장 앞의 내셔널 갤러리, 그 옆의 국립 초상화 갤러리 등으로 인해 많은 사람이 트라팔가 광장을 미팅 포인트로 활용하고 있으며, 공연 예술, 음악 공연들도 쉬지 않고 열린다. 런던 중심부의 활기가 그대로 느껴지는 곳이다.

트라팔가 광장에 가려면 지하철 노던라인 채링 크로스 역, 노던 피카딜리 라인 레스터 스퀘어 역에서 내리면 된다. 스피디 카페에서 트라팔가 광장까지는 지하철을 이용하면 약 20분 정도 걸린다. 관광객들이 가장 많이 찾는 런던 최고의 상업지구 피카딜리 서커스에서 리전트스트리트를 따라 10분 정도만 걸어도 나온다. 버킹엄 궁으로 이어지는 펠멜가, 총리 집무실 등 정부 건물들이 쭉 늘어서 있는 화이트홀 거리와도 연결되는 교통의 요지다. 어디에다 카메라 셔터를 눌러도 런던의 정취를 가득 담을 수 있는 곳이다. 그러나 비둘기만 보면 가던 길도 되돌아 둘러가는 나로서는 비둘기 떼가 운집한 그곳을 썩 좋아하지는 않는다.

트라팔가 광장

여행 팁

내셔널 갤러리가 명화들이 가득하고 무료라는 이점이 있어 런던 여행을 가면 꼭 들러야 하는 관광명소로 자리 잡았지만, 내셔널 갤러리 뒤편으로 돌아가면 국립 초상화 미술관이 있다는 것과 이곳 역시 무료입장이라는 것은 덜 알려진 듯하다. 영국 유명 인사들의 초상화들이 걸려있는 곳이다. 이곳에서 엘리자베스 1, 2세, 다이애나 전 왕세자비, 음악가 폴 매카트니 등 영국 역사에 이름을 남긴 인물의 초상화를 구경하는 재미는 생각보다 쏠쏠하다.

셜록이 뛰어내리고 닥터 왓슨은 기절한 St. Bartholomew 병원

셜록이 시즌 1, 에피소드 1에서 닥터 왓슨을 처음 소개받은 곳이자, 닥터 왓슨이 군의관 훈련을 받은 곳인 St. Bartholomew(줄여서 St. Barts) 병원. 시즌 2의 마지막 에피소드에서 셜록이 닥터 왓슨까지 속이고 거짓 투신자살을 꾸민 곳이기도 하다. 이 병원은 12세기에 세워졌고 아직 병원으로 운영되고 있는데, 처음 세워진 그 자리에 남아있는 병원 중 유럽에서 가장 오래되고 유서 깊은 병원이라고 한다.

병원 규모가 크고 건물도 여러 개라 셜록을 촬영한 건물을 정확하게 찾기 위해서는 '24 W Smithfiled, Londodn EC1A 7BE'로 검색해 찾아가면 딱 그 건물 앞에 서게 된다. 병원 건물을 마주하자마자 에피소드 내용이 그대로 눈

세인트 바톨로뮤 병원

앞에 그려졌다. 왠지 그곳에서 뛰어내린 셜록의 가짜 모형이 피를 흘리고 쓰러져 있을 것만 같았다.

드라마나 영화의 팬덤이 새삼 대단하다고 느낀 것이 이렇게 수 세기 동안 평범하게 그 자리에 있던 건물에 아무도 예상 못했던 새로운 가치를 부여한다는 것이다. 셜록이 투신자살을 꾸며 떨어진 자리 옆에 빨간색 전화 부스가 있는데, 여기에는 셜록의 순례자들이 그의 흔적을 찾아 여기까지 왔다는 것을 인증한 메모가 가득 붙어있다. 세인트 바츠 병원은 세인트폴 성당과도 가까워 일정을 같이 잡아 여행하는 것도 좋다.

셜록을 200% 즐기기 위한 팁

셜록의 촬영장소를 빠짐없이 알고 싶다면 http://www.sherlockology.com/locations를 방문하면 된다. 드라마 속 셜록과 닥터 왓슨이 입는 옷 브랜드도 상세히 나와 있다. 예를 들어 셜록은 영국 브랜드 폴 스미스의 스카프와 장갑을 자주 사용하고, 이탈리아 브랜드 돌체 앤 가바나의 양복과 셔츠를 자주 입으며, 프랑스 브랜드 입생로랑의 신발을 즐겨 신는다.

02

회색의 런던,
비장한 제임스 본드

영국 스파이 '제임스 본드'는 이제 '영국'하면 제일 먼저 떠오르는 문화 아이콘이 됐다. 본드 캐릭터는 전직 영국 해군 정보부 첩보 분석가였던 이언 플레밍(1908~1964)이 쓴 1953년작 '카지노 로얄'에 처음 등장했다. 플레밍이 자신의 동료를 모델로 만들어 낸 첩보원 본드는 그의 총 14권의 책에 등장하며 활약한다. 소설의 성공으로 본드 시리즈는 24편의 영화로 탈바꿈 하면서 누적 관객 20억 명이 넘는 등 세계적인 흥행 돌풍을 일으키고 있다. '여왕에 대한 충성', '영국을 위한 희생'이라는 큰 주제가 영화의 시리즈를 관통하는 주제인 만큼 본드라는 인물은 영국의 가치관이 그대로 집약돼 있는 인물이다. 007시리즈가 영국을 대표하는 문화 상품으로까지 자리 잡은 것도 우연이 아닌 것이다. '해가 지지 않는 나라'라는 명성을 얻을 정도로 전 세계 해상, 경제, 금융 산업을 호령하던 영국이 미국과 중국에 과거의 명성을 조금씩 내어주면서도 여전히 지키고 있는 문화 강국의 자존심의 중심에 007시리즈가 자리하고 있는 것이다.

본드의 부활, 영화 '스카이 폴'

007시리즈는 기본적으로 본드가 악당을 쫓아 전 세계를 종횡무진으로 움직이는 내용이다. 따라서 영화들은 영국은 물론 전 세계가 무대다. 그럼에도 007 영화에서는 시리즈를 관통하는 메시지가 뚜렷하다. 바로 본드의 '대영제국에 대한 충성과 애정'이다. 내가 가장 재미있게 본 007시리즈 중 하나는 2012년작 '스카이 폴'이다. 영국 감독 샘 멘데스가 메가폰을 잡고 영국 배우 다니엘 크레이그가 '카지노 로얄', '퀀텀 오브 솔라스'에 이어 이 작품에서도 제임스 본드로 활약한다. 이전까지의 007시리즈는 냉전 시대를 거치면서 러시아라는 뚜렷한 적을 설정해 놓고 본드가 전 세계를 돌아다니며 영국뿐만 아니라 전 세계의 수호자를 자처하며 위협이 되는 악당들을 제거하는데 초점을 맞췄다. 이에 반해 스카이 폴은 테러리스트라는 보이지 않는 적, 새로운 시대 영국이 맞닥뜨린 본질적인 위협, 그림자 뒤에 숨은 적을 찾아야 하는 달라진 시대 상황에서 냉전시대의 산물인 스파이의 필요성 등을 진지하게 고민하는 영화다.

스카이 폴이 흥미롭게 다가온 이유도 여기에 있다. 몬테카를로, 체코 등 동유럽 국가들, 모로코 등의 아프리카, 중동, 중국 등 아시아 지역에서 촬영하면서 광대한 스케일의 볼거리를 제공한 이전의 007시리즈도 물론 재미있었지만, 스카이 폴은 영국, 특히 런던에 충실이 집중한 영화다. 그래서 다른 어떤 007 영화보다 영국적 느낌이 물씬 난다. 스카이 폴에 등장하는 런던 명소들과 지난 런던 여행 시절 추억이 오버랩되면서 본드와 묘한 동질감까지 느꼈다면 지나친 감상일까?

스카이 폴의 마지막 즈음 제임스 본드가 건물 옥상에서 런던 시내를 내려다보는 장면이 나온다. 혼란스러운 시대에서도 자신이 지켜야 할 것들을 생각하며 다시 한 번 다짐하는 모습이다. 우뚝 솟은 빅벤, 국회의사당, 커다란 돔으로 자칫 세인트폴 성당으로 오해하기 쉬운, 2차 대전 당시 내각의 전쟁상황실로 사용했던 'Old War Office Building' 등 런던의 상징물들이 멀리 보인다. 안개가 가득해 뿌연, 회색 빛깔의 칙칙한 런던 모습에서 생동감이라고는 찾아볼 수 없다. 그러나 나에게는 과거의 명성을 잃어가는 처연한 런던, 알 수 없는 미래, 그래서 바로 앞의 위험의 근원과 규모조차 가늠할 수 없는 폭풍 직전의 고요한 런던의 모습이 더욱 애잔하게 다가와 내가 먼저 손을 내밀어 보듬어 주고만 싶었다.

사진 출처 www.ajboo7.co.uk

장소 정보

이 장면은 정부 기관들이 들어서 있는 화이트홀 거리 에너지기후변화부(Department of Energy and Climate Change (DECC), 55 Whitehall) 옥상에서 촬영됐다. 그런데 이 공간은 일반에게 공개되지 않아 본드처럼 옥상에서 화이트홀 거리를 내려다보는 경험을 할 수는 없다.

본드와 Q의 만남, 내셔널 갤러리

스카이 폴 영화 곳곳에는 런던의 명소가 등장한다. 학
교 다닐 때 미술시간이나 미술책에서 들어봄직한 전 세
계 유명 회화작품들을 한 곳에 모아둔 내셔널 갤러리
가 본드와 MI6의 천재 해커이자 무기장비 담당 쿼터마
스터 Q가 만나는 장소로 등장한다. 이들이 나란히 앉
아 보고 있는 작품은 영국을 대표하는 낭만주의 풍경화
가 J.M.W 터너의 '전함 테메레르'다. 실제 Room 34
에 걸려있다. 터너의 작품을 한번이라도 본 사람은 이
후에 다른 어떤 터너 작품을 만나더라도 단번에 알아볼
수 있다. 그의 작품 전반에 흐르는 서정성과 약간의 우
울함, 애잔한 색채의 조화는 터너 그림만의 고유한 특
성이기 때문이다.

전함 테메레르

전함 테메레르는 해체될 운
명인 거대한 범선이 작은 증
기선에 이끌려 최후의 항해
를 하는 모습이다. 저무는 황
금빛 석양이 전함을 쓸쓸하게
비추면서 영광을 뒤로하고 역
사의 뒤안길로 사라지는 범선
의 모습을 더욱 구슬프게 표
현한다. 스카이 폴에서 제임
스본드는 막판에 노익장을 보

여주긴 했지만 노쇠한 퇴물 요원으로 그려지고, Q는 아주 젊고 파릇파릇한 무기장비 전문가로 나와 대조되는 모습을 보여준다. 또한 그 동안 본드 시리즈에서 MI6을 총괄하던 M(주디 덴치)도 스카이 폴에서 죽고, 새로운 책임자(랄프 파인즈)가 등장한다. 이 그림은 본드와 주변 인물들과의 애증과 갈등, 요원들의 세대교체, 소멸과 부활, 새로운 시대에 변화를 요구받는 영국을 상징하며 영화 전체 분위기를 암시한다.

이런 명화들이 가득한 내셔널 갤러리가 좋은 이유는 스카이 폴의 촬영지를 직접 볼 수 있다는 점과 더불어 입장이 무료라는 점이다. 프랑스 파리의 유명 박물관이나 미술관에 10유로 안팎의 입장료를 지불하고 가는 것과 비교하면 주머니 가벼운 여행자들에게 정말 고마운 곳이 아닐 수 없다. 이곳은 오로지 기부금으로만 운영되는데 입장할 때는 무료로 들어가더라도 작품을 감상하고 나오면 세계적인 미술가들의 수백 년 간 집적된 예술의 향연으로부터 받은 영감과 감동에 감사의 마음이 들어 자신도 모르게 지갑을 열게 되는 곳이다.

나도 런던에 가면 내셔널 갤러리를 잊지 않고 방문한다. 처음 방문했을 때 작품이 너무 많아서 어떤 것부터 봐야할지, 어떻게 감상해야 할지 몰라 당황했던 기억이 난다.

내셔널 갤러리 Room34

예술을 즐기는 방법을 모르면 가치를 가늠할 수 없는 명화를 공짜로 볼 기회가 생겨도 작품이 줄 수 있는 무한한 감동을 느끼지 못하고 지나치기 쉽다. 처음 내셔널 갤러리를 방문했을 때의 내가 그랬다. '왜 나는 이곳이, 이 작품들이 와 닿지 않을까?'라는 의문이 머릿속을 계속 맴돌았다. 그 후로 시간이 날 때마다 미술이나 회화와 관련된 책들을 읽기 시작했다. 작품이 탄생한 배경과 당시 작가가 어떠한 심정으로 이 그림을 그렸는지, 작가가 놓인 상황이 어땠는지, 그래서 이 작품에 어떤 의미가 있는지 이해하고 그림을 보니 그때서야 내게 그 작품이 말을 걸어오고 자신의 의미를 조금씩 내게 보여 주는 것 같았다.

아무런 사전 지식 없이 처음 만난 그림에 대해서도 '아, 좋다.'라고 느끼고 감동할 수 있다면 가장 좋겠지만, 나의 미적 소양이 처음 본 작품에서 가치와 감동을 이끌어 낼만한 수준은 아니고, 결국 나에게는 아는 만큼 보인다는 것이 정답인 것 같았다. 그림에 대해 알고 그림을 대하면 책에서 사진으로만 보던 작품을 눈앞에서 본다는 것 자체만으로 감동받는다. 미술을 틈틈히 공부하고 미술관도 자주 다녀보니 이제 좋아하는 작품들도 생겼다. 난 특히 애수가 어려 있으며 섬세함과 부드러움이 넘치는 낭만파 작품들에 끌렸다. 그래서 터너의 작품들도 좋아한다. 그런데 이루지 못한 꿈에서 오는 좌절감을 아름다움으로 승화한 낭만파 작품의 내생적 속성 탓에 화려한 색채에도 불구하고 가슴이 아려오는 건 어쩔 수 없는 것 같다. 터너의 작품들은 MI6 건물 근처의 테이트 브리튼 갤러리에서도 감상할 수 있다.

본드가 타면 악명 높은 '튜브'도 명소로

런던 버스와 함께 런던 대중교통을 책임지는 지하철 '튜브'. 지하철이 튜브 모양처럼 생겨 '튜브'라고 부른다. 150년의 역사를 자랑하는데, 처음 건설할 때 선로 폭을 좁게 건설하다 보니 내부 역시 자리에 앉으면 마주보는 사람의 무릎이 닿을 듯 좁다. 특히 2005년 7.7테러 사건이 일어난 킹스크로스 역과 몇몇 역은 지하 100피트 아래 깊숙한 곳에 선로가 깔려 운행되는데, 이 때문에 런던 튜브는 요금이 비싸고 비좁고 공기가 좋지 않기로 악명이 높다. 전철역 곳곳에는 'please carry of water when travelling'(튜브를 탈 때는 물을 들고 다니세요.)이라는 어느 음료 브랜드 광고가 붙어있다. 런던 지하철 공기가 텁텁한 것을 고려했을 때 런던시민들의 건강을 위해 물이 꼭 필요하다고 강조한, 공익성으로 상업성을 적절히 포장해 소비자들에게 어필한 아주 영리한 광고인 것 같았다.

위 · 아래 런던 튜브

비좁고, 때때로 고약한 악취가 나는 역도 있고, 요금도 비싸지만 그럼에도 불구하고 런던 시민들에게 튜브는 편리한 이동 수단이다. 11개 노선 170개 역을 촘촘히 엮어 어느 곳이든 빠르고 쉽게 이동할 수 있는 장점이 있다. 나도 런던에 있을 때는 차를 빌려 이동할 생각은 꿈에도 하지 않는다. 출퇴근 시간이 아니라도 유명 관광지나 상업지구는 언제나 차들이 도로를 가득 메우고 있다. 느릿느릿 겨우 한 걸음씩 앞으로 나가는 차들을 보고만 있어도 답답하다.

스카이 폴에도 런던의 상징인 튜브가 등장한다. 런던 시내 한복판인 Embankment 역 내부에서 본드가 테러리스트 실바(하비에르 바르뎀)를 쫓아 질주하는 장면을 찍었다. 악당은 열차를 타고 이미 출발했고, 본드는 열차를 쫓아 뛴다. 결국 운행 중인 열차 뒤에 매달린 후 열차 안으로 들어가는데, 카메라에 잡힌 튜브 내부의 모습은 서울 지하철의 절반이라고 해도 믿겨질 만큼 좁다. 그러나 스카이 폴은 비싸고 내부는 좁아 항상 승객들로 미어터지는, 깨끗하게 정비되지 않아 고약한 냄새가 나는 악명 높은 런던 지하철 '튜브'를 '꼭 타봐야 할 것' 반열에 올려놓는다. 영화가 주는 매력 덕분이 아니고서야 상상할 수 없는 일이다.

질주하는 본드 뒤로 화려한 배경 – 빅벤, 국회의사당

본드가 청문회장으로 향하는 테러범을 쫓아 웨스트민스터 역을 나와 달리는데, 뒤로 빅벤과 국회의사당이 보인다. 실제 빅벤으로 가는 가장 편리한 방법도 튜브를 타고 웨스트민스터 역에서 내리는 것이다. 역에서 나오면 바로 눈앞에 거대한 빅벤의 모습이 나타난다. 오른쪽으로 가면 웨스트민스터 사원, 국회의사당, 세인트제임스 공원, 다우닝가로 가는 교차로가 나오고, 왼쪽으로 가면 웨스트민스터 브릿지, 런던아이로 이어진다.

빅벤은 국회의사당 북쪽 시계탑을 말하는데 세계에서 3번째로 큰 시계탑이다. 1859년 5월 31일 지어졌으니 150년이 훌쩍 넘은 건물이다. 네오 고딕양식으로 세워졌는데, 하늘을 뚫고 올라가는 듯 수직, 상승의 느낌을 온몸으로 뿜어내는 것 같다. 당시 공사를 담당한 벤저민 홀 경의 공적을 기리기 위해 빅벤이라는 이름이 붙어졌다. 몸집이 컸던 벤저민이 빅벤이라고 불렸던 탓이다. 그러나 2012년 엘리자베스 2세 즉위 60년을 기념해 엘리자베스타워로 개명하게 된다.

위 웨스트민스터 역 아래 국회의사당 광장

시계탑의 디자인은 건축 총 감독이었던 찰스 배리 경과 영국에서 고딕 양식이 부흥하는데 일조했던 어거스트 푸긴의 작품이다. 시계탑의 전체 높이는 106미터이며 꼭대기에 세계에서 가장 큰 자명종 시계가 달려있다. 시계가 표시된 4면은 한 면이 7미터인 철제 틀에 312조각의 글라스로 장식했으며, 시침의 길이는 2.7미터, 분침은 4.3미터다. 시계의 눈금은 금으로 도금했으며 테두리 아래쪽에는 라틴어로 '오, 주여 우리의 여왕 빅토리아를 보호하소서.' 라는 글씨가 새겨져 있는데 만들 당시 왕이 빅토리아 여왕이어서 그녀의 업적을 기리기 위해서라고 한다. 세계 시간의 기준인 그리니치 천문대의 본초 자오선을 기준으로 국제 표준시를 정확하게 표시해 15분마다 차임벨이 울리고 정각에는 차임벨과 그 시간 수만큼 종이 울린다.

빅벤이 있는 웨스터민스터 지역을 돌아다니면 빅벤의 차임벨 소리를 자주 들을 수 있는데 참 듣기가 좋다. 마음을 경건하게 해준다고 할까? 특히 12월 31일 밤에는 새해를 알리는 종소리를 듣기 위해 많은 사람이 이곳에 모인다. 시계 청소와 수리도 정기적으로 하는데, 이때는 시침과 분침 시간도 맞지 않고 15분마다 울리던 종소리도 멈춘다.

안타깝게도 관광객들은 빅벤 내부 투어를 할 수 없다. 오직 영국 거주자(시민권자 및 영주권자)만 사전에 인터넷 홈페이지에 신청을 한 뒤 가이드 투어로 내부를 둘러볼 수 있다. 334개의 나선형 돌계단을 올라가 62미터의 높이에서 런던의 경치를 보고 시계탑의 원리와 작동 방법을 배울 수 있다고 한다.

빅벤에 의해 유명세가 밀리지만 국회의사당은 1295년 세계 최초 의회 민주주의를 꽃피운 영국 역사에서 빼놓을 수 없는 중요한 곳이다. 1050년 건설될 당시에는 웨스트민스터 궁전으로 이용돼 오다 16세기 당시 헨리 8세가 토마스 울지 추기경의 햄프턴 궁전을 빼앗은 후 거처를 옮기면서 의회가 열리는 의사당으로 탈바꿈했다.

템스강과 국회의사당

국회의사당은 건물의 중앙 로비를 기준으로 북쪽은 하원의사당(상징 연두색/초록색), 남쪽은 상원의사당(상징 붉은색)으로 나뉘는데 상원은 성직, 세속, 법률 귀족 등으로 구성되고 세속 귀족은 공작, 후작, 백작, 자작, 남작 등이며 종신 귀족은 정치, 경제, 사회, 과학 등 각 분야에서 국가에 크게 기여한 사람으로 총리 제청에 따라 여왕이 임명한다. 하원은 전국 650개 구에서 투표로 선출된 의원들로 임기는 법적으로 최장 5년이다. 에드워드 1세(13세기, 1200년대 중·후반) 성직자들이 교황과 국왕의 빈번한 갈등을 두려워해 기권하면서 귀족은 상원이 되고 기사들과 상업인은 하원이 되면서 양원제 의회가 탄생하게 된다.

영국 국회의사당은 1605년 폭발 음모 때와 1666년 런던 대화재에서도 손상을 입지 않고 살아남았지만 1834년 난롯불에 어이없게 무너졌다. 당시 한파가 휩쓸어 상원에 있던 난로 옆에 가득 쌓아놓은 막대 더미에 불이 붙어 화마에 휩싸였다. 남은 것이라고는 세인트 스티븐 예배당, 주얼 타워, 웨스트민스터홀 뿐이었다.

이후 재건을 위한 작업이 진행됐고 건물 길이 265미터, 1200개의 방, 11개의 안뜰, 100개의 계단, 3.2킬로미터에 달하는 복도와 통로를 갖춘 현재의 모습으로 재탄생한 것이다. 1840~1860년 당시 건축 감독은 97개의 설계안 가운데 자신의 설계안이 채택된 찰스 배리였다. 그는 특히 남아있는 웨스트민스터홀과 근처의 웨스트민스터 사원과 개축 건물이 조화를 이루도록 신경 썼다. 내부 장식 대부분은 그의 조수 오거스커스 퓨진의 작품이다. 1941년 2차 세계대전 폭격 때는 북쪽의 하원 의사당이 파괴됐었고 개수한 뒤 지금의 모습을 갖추게 됐다.

영국 국기인 '유니언 잭'이 휘날리고 있는 곳은 '빅토리아 타워'다. 전례가 없던 왕의 재위기간 60년을 처음 빅토리아 여왕이 달성했고, 그래서 그녀의 재위 60주년을 기념해 본래 왕의 타워로 불리던 이 타워를 빅토리아 타워로 개명했다. 여왕이 국회의사당 내부에 있을 때는 '유니언 잭'이 내려가고 왕실 깃발인 '더 로열 스탠다드' 기가 게양된다.

웨스터민스터 사원과 국회의사당 사이 웨스터민스터 스퀘어라는 작은 광장이 있는데, 이곳 바닥에는 해시계가 새겨져 있다. 세계 시간의 기준이 되는 영국의 런던 한복판 바닥에서 만난 해시계가 왠지 반갑다. 서야 할 곳이 발자국 표시로 새겨져 있는데 이곳에 서면 맑은 날 햇빛에 생겨난 그림자가 숫자를 가리키며 시간을 알려준다.

국회의사당 남쪽에는 '빅토리아 타워 가든'이라고 작은 공원이 있다. 여성 선거권을 실현시킨 에멀린 팽크허스트 기념상과 로댕의 칼레의 시민들, 노예해방을 상징하는 벅스턴 메모리얼 등이 곳곳에 위치해 있고 강변 쪽으로는 벤치들이 있어 잠시 휴식과 여유를 즐기기에 좋다.

국회의사당 200배 즐기기 –
'Prime Minister's Question'

내각의원제인 영국은 육해공군의 상징적 통수권은 국왕에게 있지만 헌법적 통솔권은 총리에게 있다. 국왕이 하원 다수당 지도자를 총리로 임명한다. 총리는 정부 업무 전반에 관해 국왕에게 보고하고 내각회의를 주재해 각료들의 업무를 분장하는 책임을 진다. 일상 행정 업무 외에 하원 내 다수당의 지도자로서 하원에 정기적으로 출석해 의원들의 질의에 답할 의무가 있다. 질의응답은 회기 동안 매주 수요일 30분씩 진행되는데, 이를 'Prime Minister's Question(PMQs)'이라고 한다.

질문을 하고자 하는 의원들은 미리 질문자 명단에 자신의 이름을 써야 한다. 질문 숫자는 정당에 따라 다른데, 제1야당(현재는 보수당)의 리더는 6개의 질문을 할 수 있고, 야당(노동당)은 2개의 질문을 할 수 있다. 총리가 대답할 때마다 양쪽의 벤치에서 의원들이 "저요, 저요."하며 벌떡 벌떡 일어나는 것을 볼 수 있는데, 이는 질문 명단에 이름을 못 올린 의원들이 사회자(Mr. speaker)의 눈길을 끌기 위해 이렇게 해서 눈길을 받으면 명단에 없더라도 추가 질문을 던질 수 있다. 그래서 모두 아주 열정적으로 앉았다 섰다를 반복하는 것이다.

영국 토론 문화의 정수라고 할 수 있기 때문에 영국 문화에 관심 있는 사람들에게 도움이 되는 볼거리다. 특히 노동당 의원들이 현 총리인 테레사 메이 총리 겸 보수당 당수에게 허를 찌르는 질문을 하고, 메이 총리가 자신의 논리를 들어 맞받아치는 것을 보고 있으면 정말 흥미진진하다. 국민의 궁금증을 의원들이 대표로 총리에게 질문하고 총리는 최선을 다해 설명한다. 그 과정에서 박수를 받기도 하고 야유를 받기도 한다. 총리가 답변을 자신 있게 하든, 야당의 공세에 잘 대응하지 못해 비판을 받든 이 모든 과정의 가장 큰 미덕은 생방송으로 진행되는 이 시간에 적어도 정치의 투명함은 보장된다는 것이다. 주장과 반박, 설득과 치열한 공방이 숨 가쁘게 이어지는 토론의 과정을 보면 영국 민주주의 정치의 진면목도 볼 수 있다. 국가 수장이 아주 가끔 대국민 담화에서, 그것도 미리 준비한 스크립트를 읽는 것이 아닌, 궁금한 것이 있으면 전국에 생방송으로 나가는 방송에서 국민의 대표가 소상히 따져 물을 수 있고, 그 앞에서 논리 정연하게 반박할 수 있는 능력의 갖춘 수장을 배출할 수 있을 정도로 민주주의 수준이 발전했고 정치적 투명성을 갖춘 나라라는 점이 부러웠다.

PMQs는 무려 1950년부터 시작됐다. 한국의 국회방송 같은 BBC Parliament에서 약간의 코멘트를 덧붙여 방영하기 때문에 기회가 된다면 한번 보는 것도 좋을 것이다.

본드는 공무원, MI6

스카이 폴에서는 자신의 은퇴를 종용하는 말로리(랄프 파인즈)와의 면담을 끝내고 M이 복스홀 브릿지를 차를 타고 가다가 MI6 본부 내 자신의 사무실 폭파를 목격하는 장면이 나온다. M의 사무실은 영국 국기 뒤편에 위치해 있는 걸로 설정됐다.

영화에서 본드가 소속된 영국 대외정보부 MI6는 실제 존재하는 기관이다. 그러니까 본드는 가상 기관의 가상 인물이 아니라 현실에 존재하는 기관의 가상 캐릭터인 것이다. MI6는 한국의 국가정보원 같은 첩보기관인데 해외 정보 수집, 분석, 공작활동을 담당하며 영국에서는 국내 정보를 관할하는 MI5, 전자감청기관인 정보통신본부(GCHQ)와 더불어 3대 정보기관으로 꼽힌다. 정식 명칭은 SIS(Security Intelligence Service)다. 1909년 창설됐다가 1912년 정식으로 출범한 군사정보부 제6부대(Military Intelligence Section 6)에 기원을 둬서 주로 MI6라고 불린다.

초기 MI6는 영국 국내와 해외 비밀 첩보작전을 수행하다가 1차 대전을 앞두고 독일 첩보 활동에 주력했다. 이후 냉전 시기 등을 거치며 소련 KGB, 미국 CIA 등의 경쟁과 협력관계를 교묘하게 형성하며 정보력과 공작 능력을 키웠다. 1970년대 후반부터는 특히 위성 등 최첨단 기술과 네트워크를 활용해 감청 시스템을 구축했다.

MI6는 현재 해외첩보활동 뿐 아니라 경제정보, 마약 등의 조직범죄 소탕, 대량 살상 무기 확산 방지 분야에서도 역량을 강화하고 있다. 세계 각국에 2,000여 명의 정예요원을 두고 활동 중인 것으로 전해진다.

M16 본부
사진 출처 http://jamesbondlocations.blogspot.kr/

스카이 폴에 나온 MI6 빌딩은 마가렛 대처 총리시절인 1988년 건물을 매입해 1994년 최첨단 기술을 접목해 개보수를 끝내고 개관했다. 피어스 브로스넌 주연의 본드 영화 '골든 아이'(1995)에 처음 등장했다.

스카이 폴에서는 MI6의 총괄자인 주디 덴치를 M이라고 부른다. 그런데 실제 MI6는 초대 국장이었던 맨스필드 커밍 이후 책임자를 C라 부르며 보안을 지켜온 것으로 알려졌다. 또한 007시리즈에서는 제임스본드 앞에 붙는 '00' 코드가 살인을 하더라도 면책 특권이 주어지는 살인면허를 뜻하는데, 실제 MI6에 '00'을 부여받은 요원이 있는지 여부에 대해서는 확인해주지 않았다.

M처럼 자동차가 아니라 도보로 가려면 핌리코 역에서 내려 템스강 서쪽 방면으로 걸어가면 강둑에 세워진 MI6 건물이 보인다. 중요한 국가 기관이라 높은 담과 철책으로 둘러싸여 있을 줄 알았는데 건물 외관은 규모가 크지만 의외로 겉으로 보이는 보안은 철통 수준은 아닌 것 같았다. 건물의 위치도 산골 깊은 곳에 숨어 있는 것이 아니라 탁 트인 템스 강변을 마주보고 우뚝 솟아있다. 사실 이렇게만 보면 자칫 보안이 부실한 것 같은데, 실제로는 해킹 등에 대비해 최첨단 보안시설, 웬만한 폭탄이나 총기류에도 끄덕없을 정도의 최첨단 방탄시설을 갖췄다고 한다.

정보부 소속 요원인 본드는 첩보작전을 펴서 적국의 정보를 캐내거나 공작활동을 하는 스파이다. 비교하자면 한국전쟁 이후 북한이 남한에 급파한 간첩이 본드와 소속 국가는 다르지만 역할은 같은 북한 정보부 소속 스파이인 것이다. 그런데 이미지가 확연히 다르다. 본드는 훌륭한 스파이, 북한 간첩은 나쁜 스파이다. 실제 대의명분의 옳고 그름, 아니면 그 대의명분을 어떻게 잘 포장해 일반을 설득하느냐에 따라 착한 스파이, 나쁜 스파이가 나눠지는 것 같다. 어찌됐든 말쑥하게 정장을 차려입고, 멋있는 차를 몰고, 멋진 액션을 선보이는 본드가 결국은 '간첩'인 스파이 이미지를 한 단계 업그레이드 시킨 것은 분명해 보인다.

대영제국의 평화와 안녕을 위해 온 몸을 불사르는 본드를 보고 어렸을 때는 저렇게 전 세계를 누비며 악당들을 무찌르고 국가와 국민들의 안전을 위해 헌신하는 모습이 마냥 멋져보였다. 그런데 나이가 들면서 저렇게 끊임없이 홀로 떠돌아다니며 싸워야 하는 삶이 꼭 행복하지만은 않겠다는 생각도 들었다. 특히 지난 2008년 '카지노 로얄'에서 처음 본드로 분한 다니엘 크레이그가 이후 '퀀텀오브솔라스'(2010), '스카이 폴'(2012), '스펙터'(2015)에 나오면서 10년 가까운 세월 동안 지켜본 그의 얼굴에 주름이 늘어가고 쓸쓸해 보인다는 느낌이 들 때 더욱 그랬다.

스카이 폴은 후편인 스펙터와 일부 내용이 이어지는데, 스카이 폴에서 MI6 본부가 테러 폭파를 당하자 스펙터에서는 본부에서 하는 일들이 일부 지역으로 분산돼 이뤄지도록 설정됐다. 스펙터에서 MI6의 무기장비 담당 Q는 오래된 지하 벙커에서 본드에게 줄 여러 가지 장비들을 만드는데, 이곳은 템스 강변에 위치해 있으며 지하 터널을 이용해 보트로만 접근할 수 있는 곳이다. 이 비밀 입구는 실제 캠든 락에 있는 리젠트 카날에서 촬영됐는데, 여행객들이 즐겨 찾는 핫 플레이스인 캠든 마켓에서 상당히 가까운 곳이다.

Spectre location : the entrance to MI6 via the 'Thames' water tunnel:
Camden Lock, Regent's Canal, Camden NW1

M16 본부

스카이 폴에서 엿보는 영국 문화

▸ 시인 테니슨의 '율리시스'

존폐의 기로에 선 영국 정보국 MI6의 정통성과 필요성을 어필하기 위해 청문회에 선 M은 남편이 좋아하던 시인이라며 알프레드 테니슨의 시 '율리시스'를 읽는다. 테니슨은 19세기를 휩쓴 영국 국민이 사랑하는 대표 시인이다. 제임스 본드라는 인물과 007시리즈에는 영국의 자존심인 영국 문화가 고스란히 집약돼 있는 것이다. 서양 문화라면 미국 문화에 익숙한 우리에게 007시리즈는 문화적 신선함도 제공한다.

Though much is taken, much abides and though

We are not now that strength which in old days

Moved earth and heaven that which we are, we are

One equal temper of heroic hearts,

Made weak by time and fate, but strong in will

To strive, to seek, to find, and not to yield.

비록 많은 것을 잃었지만

또한 많은 것이 남아 있으니,

예전처럼 천지를 뒤흔들지는 못할지라도

우리는 여전히 우리다.

영웅의 용맹함이란 단 하나의 기개,

세월과 운명 앞에 쇠약해졌다 하여도

의지만은 강대하니,

싸우고 찾고 발견하며

굴복하지 않겠노라.

▶ 영국 가수 아델의 주제곡

범접하지 못할 가창력의 소유자, 지난 2015년 11월 미국 대중음악전문 빌보드지가 60년 차트 역사를 통틀어 가장 위대한 성적을 거둔 앨범으로 뽑은 '21'의 주인공이자 영국이 자랑하는 20대 뮤지션 아델이 영화 스카이 폴의 주제가를 불렀다. 2011년 1월에 발표한 이 앨범은 미국 내에서만 1,000만장이 넘게 팔렸다. 스카이 폴의 내용이 무겁고

어두워서 노래도 다소 무거운데 아델의 깊은 음색이 장엄함을 더하면서 명곡이 탄생했다. 아델은 이 곡으로 미국 아카데미시상식과 골든글로브시상식에서 주제가상을 받았다.

▶ 영국 자동차의 자존심 애스턴 마틴

1964년 제임스본드 3번째 영화인 '골드 핑거'부터 영국 자동차 브랜드 애스턴 마틴 차량이 본드의 차로 등장하기 시작했다. 이 당시에는 영국 배우 숀 코너리가 본드 역을 맡았었고, 실제 그가 영화에서 몰았던 D85는 경매에서 40억이 넘는 금액에 판매됐다. 스카이 폴이 007시리즈 50주년을 기념하기 위한 영화인만큼 골드 핑거에 소개된 D85가 재등장한다. 50년 만에 재등장한 D85는 007시리즈의 초심을 대변하며 스파이가 구시대물이 된 현재, 자신의 역할을 고민하며 새로운 각오를 다지는 그의 모습과 묘하게 어울린다.

여기서 잠깐

전 세계 영화 촬영지들을 소개하는 무비 - 로케이션 사이트(http://www.movie-locations.com/movies/s/Skyfall.html#.VpDocZN96Rs)에 들어가면 영국 런던, 스코틀랜드, 중국, 터키 등의 스카이 폴 촬영지들에 대한 더욱 자세한 정보를 얻을 수 있다.

본드의 집을 찾아서

주어진 임무에 따라 전 세계를 돌아다니는 본드, 영화 속에
서 본드는 임무지의 화려한 호텔, 때로는 이국적인 호텔에
서 여유를 부리거나, 술을 마시거나, 여성과 함께 있는 모
습으로 화면에 등장한다. 본드의 라이프 스타일을 생각하면
호텔 이곳저곳을 옮기는 생활이 딱 어울릴 것 같기도 하다.
과연 본드는 '집'이라고 부르는 곳이 있기나 할까?

결론부터 말하자면 본드도 집이 있었다. '스카이 폴'에서 본
드가 어린 시절 살던 대저택이 등장한다. 그리고 터키에서
죽을뻔한 본드가 살아 돌아와 런던 M의 집을 찾아오자 M
이 본드가 죽은 줄 알고 본드가 살던 집을 처분했다고 언급
할 때, 우리는 본드가 런던에 자신이 살던 곳이 있었음을 짐
작하게 된다. 그게 전부다. 성인이 된 본드, MI6요원이 된
본드가 살던 런던 집은 '스카이 폴'에 등장하지 않는다. 본드
가 사는 곳을 엿볼 수 있는 기회는 스카이 폴의 다음편 '스
펙터(2015)'에 나온다.

동료 요원인 머니페니(나오미 해리스)가 폭발이 일어났던
본부의 M사무실에서 발견한 M의 유품을 전달하러 본드의
아파트로 간다. 소파, 테이블, 바닥에 아무렇게나 쌓여있는
책들, 벽에 비스듬히 기대어 있는 액자 등이 카메라에 비춰
진다. 무심한 듯한 본드의 분위기에 걸맞게 단조롭고 깔끔
한 인테리어다. 이 장면은 웨스트런던 지역 노팅힐의 한 아
파트에서 촬영됐다. 영화 '노팅힐'(1999)에 나오면서 유명해

진 포토벨로 마켓의 바로 왼쪽에 위치한 아파트다.

스카이 폴에 등장하는 제임스 본드의 런던 아파트

포토벨로 마켓

03

사랑은 진짜
우리 곁에 있을까?
·러브 액추얼리

"사람들은 오늘날 우리가 살고 있는 세상이 증오와 탐욕으로 가득 찬 곳이라고 생각한다. 하지만 난 그렇게 생각하지 않는다. 내게 이 세상은 사랑으로 가득한 곳이다."

영국 배우 휴 그랜트의 무심한 듯 세련된 중저음의 내레이션으로 시작하는 영화, '러브 액추얼리'(2003)다. 이 영화 덕분에 그동안 '비와 안개의 도시'의 대명사이자 칙칙한 이미지였던 런던이 로맨틱한 도시로 탈바꿈했다. 바람둥이 영국 배우 휴 그랜트가 젊고 유능한 영국 총리로 변신한 이 영화는 총 4커플의 사랑을 풀어낸다. 이들을 보고만 있어도 왠지 누군가 사랑하고 싶고, 사랑을 나누는 장소가 영화 주인공들이 사랑을 속삭인 런던이기를 바라게 된다.

약간 두렵거나 또는 설레거나 – 런던 히스로 공항

휴 그랜트의 내레이션과 함께 카메라는 런던에서 가장 큰 공항인 히스로 공항을 비춘다. 히스로 공항에서 이뤄지는 애틋한 만남과 아쉬운 헤어짐을 담아내면서 세상이 삭막해지고 사랑이 퇴색해가고 있는 것이 거스를 수 없는 시대의 조류인 마냥 여겨지지만 여전히 사랑은 우리 곁에 언제나 있다는 메시지를 던진다. 듣는 사람을 편안하게 하면서도 약간은 설레게 하는 휴 그랜트의 중저음의 읊조림을 들으면서 기쁨과 슬픔에 눈물 흘리며 부둥켜안는 사람들을 보고 있으면 여전히 가족 간이나 친구사이, 또는 연인사이에는 서로를 아끼는 소중한 마음이 있고, 그렇기 때문에 삶이 힘들고 아픔과 위기가 있더라도 세상이 여전히 살만한 곳이라는 생각이 든다.

히스로 공항에서 일반인들의 기쁨과 슬픔, 사랑을 포착한 영화의 오프닝 장면은 화려한 무언가가 없지만 큰 감동을 준 장면이라고 나는 생각했다. 그러나 실제로 돈은 많이 들지 않은 장면이지만 촬영에서 노력이나 고생까지 덜한 장면은 아니었다고 한다. 일반인들에게 필요한 장면을 연출해 달라고 부탁한 것이 아니라 멀리서 그들이 실제로 기뻐하고 슬퍼하고 아쉬워하는 모습을 찍고, 영화에 들어갈 만한 장면이 있으면 그 영상을 영화에 써도 되는지 관련 인물들에게 허가를 받아 영화에 담았다고 한다. 일반인들의 자연스러운 모습을 찍기 위해 촬영 스태프들은 히스로 공항에 1주일 동안이나 머물렀다고 한다.

히스로 공항은 한국인들에게도 낯설지 않은 곳이다. 런던에는 히스로, 개트윅, 루톤, 스탠스테드 등 6개 공항이 있는데, 한국 인천공항을 출발해 영국 런던을 향하는 비행기는 대체로 히스로 공항에 내린다. 오래된 공항이고 최신식인 인천공항에 익숙한 우리로서는 히스로 공항이 정말 낡아 보일 수밖에 없다. 게다가 비 유럽권 국가 국민들을 대상으로 입국심사가 깐깐하게 이뤄지는 것으로도 유명해 한국 여행객들 사이에서도 평판이 그리 좋지 않다.

런던 히스로 공항

지금까지 2004~2005년 1년간 네덜란드에서 살 때, 2013~2014년 1년간 아일랜드에서 살 때 런던을 여러 번 오갔었다. 그런데 네덜란드에서는 런던으로 가는 저가항공이 아인트호벤에서 출발해 런던 스탠스테드 공항에 내렸기 때문에 히스로 공항을 이용해보지 못했고, 더블린에서 런던으로 들어갈 때는 루톤 공항이나 게트윅 공항을 이용했기 때문에 히스로 공항을 밟아본 적이 없다. 특히 아일랜드 더블린에서 런던으로 갈 때는 영국의 오랜 식민지였던 아일랜드와의 특수한 역사 때문인지 아일랜드에서 오는 여행객들을 위한 별도의 입국 통로가 있어 런던으로 들어오는 데 아무런 어려움이 없었다.

그래서 2016년 4월 히스로 공항을 밟게 됐을 때 약간의 설렘과 긴장감을 잊을 수가 없다. 인천공항에서 다른 나라를 거치지 않고 런던으로 바로 간 것도 처음, 히스로 공항에 발을 디딘 것도 처음이었다. 비행기에서 내려 히스로 공항 내부로 들어온 순간의 느낌은 인천공항이 세계에서 손꼽히는 시설, 서비스로 이름이 나있는 것과 비교하면 옛날 건물 같은 히스로 공항 자체에서 '와, 좋다.'라고 느끼기에는 부족함이 있다는 것이었다. 런던에 와서 마냥 좋은 기분이 어느 정도 실망감을 상쇄할 수는 있어도 말이다. 드디어 나의 입국 심사 차례, '일주일 여행하러 왔어요.', '여행 동안은 이 주소의 호텔에 머무를 거예요.' 등 준비해온 답도 머뭇거리게 할 정도로 깐깐하게 꼬치꼬치 캐묻는 직원들이 있다는 얘기를 들어왔기 때문에 과연 무사히 통과할 수 있을지 두근두근 했다. 다행히 예상 답변을 준비해 온 질문에 그쳐 무사히 입국수속을 마칠 수 있었다.

영국 총리의 안식처 '10 다우닝 스트리트'

영화에서 영국 총리로 나오는 휴 그랜트가 협상에서 미국 대통령을 한방 먹이고 침실과 집무실을 오가며 포인터 시스터즈의 '점프(내 사랑을 위해)'라는 노래에 맞춰 익살스러운 춤을 추는 장면이 있다. 무엇보다 런던 다우닝 스트리트에 있는 총리 관저와 집무실을 엿볼 수 있다는 점에서 더욱 흥미로운 장면이었다.

다우닝 스트리트는 영국에서 가장 유명한 거리 중 하나다. 영국 총리 관저를 포함한 각종 행정부서 건물이 들어서 있기 때문이다. 그 가운데 1868년에 지어진 '10 다우닝 스트리트'는 1대 영국 총리인 로버트 워폴부터 윈스턴 처칠, 마거릿 대처, 토니 블레어, 데이비트 캐머런을 거쳐 지금의 테레사 메이 총리에 이르기까지 계속해서 사용되고 있는 총리 관저이다. 러브 액추얼리뿐만 아니라 영국 드라마나 영화에 심심찮게 등장하곤 한다.

영국 총리 관저

그러나 짐작할 수 있겠지만 영화에 등장하는 총리 관저는 실제 총리 관저에서 촬영한 것이 아니라 총리 관저를 재현한 스튜디오에서 촬영됐다. 총리 관저는 우리나라와 마찬가지로 보안상의 이유로 일반인에게 개방하지 않는다. 다만 영화를 위해 총리실은 재무장관이자 2007~2010년 영국 총리를 지낸 고든 브라운의 안내로 커티스 감독과 프로덕션 디자이너 등이 당시 2시간 동안 투어할 수 있도록 해주었다고 한다. 그러나 어떠한 사진 촬영이나 스케치를 허락하지 않았기 때문에 오로지 프로덕션 디자이너의 기억에 의존해 총리 관저를 재현한 세트장을 만들어 영화를 촬영했다고 한다. 휴 그랜트가 차에서 내려 기자들과 대중들에게 손을 흔드는 사진 속 그곳도 실제 '10 다우닝 스트리트'의 모습이 아니라 세퍼튼 스튜디오의 주차장에 총리관저 외관을 재현해 만든 세트장이다.

말쑥한 모습과 현란한 언변으로 인기가 많았던 토니 블레어 전 총리, 이후 비슷하게 깔끔하고 언변이 좋은 데이빗 캐머런 전 총리 등, 인기 많은 영국 총리를 직접 눈으로 보기 위해 종종 전 세계에서 날아온 팬들이 10 다우닝 스트리트 입구에서 웅성웅성 모여 있는 것이 목격된다. 그런데 총리의 일정은 외부공식일정 외에는 기밀이기 때문에 총리가 언제 이곳으로 들어올지, 아니면 이곳에서 나갈지 확신할 수 없다. 하염없이 기다리다 보면 차를 타고 오가는 모습을 운 좋게 볼 수 있을지 몰라도 말이다. 다만 영국 수상의 거처, 수상이 업무를 보는 집무실을 직접 보고 싶다는 소박한 바람뿐이라면, 또한 10 다우닝 스트리트 앞을 지키고 있는 멋진 복장의 영국 근위병을 보는 것으로 만족할 수 있다면 한 번 쯤 가보는 것도 괜찮을 것이다.

영국 총리 관저

타워 브릿지

빌리의 재기와 빛나는 타워 브릿지

재기에 성공한 노쇠한 가수 빌리가 지인들과 함께 파티를 즐기고 있을 때 창문 너머로 타워 브릿지가 살짝 보인다. 조명을 받아 밤이 되면 눈부시게 빛나는 타워 브릿지의 야경은 런던을 방문한 여행객들이 빼먹지 않고 즐기는 'Must see' 아이템이다. 템스강 상류에 세워진 타워 브릿지는 영국의 호황기였던 1894년 배의 원활한 소통을 위해 세워진 다리다. 총 길이 260미터로 완성됐는데 양 옆으로 솟은 거대한 탑이 있는 우아한 도개교다.

대형선박이 지나갈 때마다 다리 가운데가 분리돼 양쪽으로 서서히 들리기 시작해 여덟 팔자 모양이 됐다가 거의 90도 가까이 세워진다. 다리가 들리면 양 탑의 문이 닫히고 브릿지 양쪽이 통제된다. 준공 당시에는 1년에 6,000회 정도 다리가 개폐됐지만 대형 선박이 지나다니는 횟수가 줄면서 현재는 200회 정도로 감소했다. 지금은 증기 엔진이 아닌 전기 모터를 사용하지만 다리를 들어 올리는 유압의 원리는 당시와 동일하다고 한다.

 LONDON FANTASY TOUR  

엘리베이터를 이용해 탑 위로 올라가면 유리 통로로 된, 2개의 탑을 잇는 인도교가 나오는데, 브릿지 아래의 템스강은 물론 멀리 런던의 경치를 바라보기에 더할 나위 없는 최고의 전망대다. 설계 초기부터 런던탑과 조화를 이뤄야 한다는 전제가 있었고, 이에 따라 중세 고딕 양식을 모방해 웅장하게 지었지만 당시 건축계의 순수주의자들은 이 건축물을 매우 싫어했다고 한다.

소박하지만 아름다운 결혼식 – 그로스브너 채플

줄리엣과 피터의 결혼식이 열리는 곳이다. 깜짝 등장한 성가대가 너무나 유명한 비틀즈의 노래 'All you need is love'를 편곡해 축가로 부른다. 줄리엣을 짝사랑하는 피터의 친구 마크가 준비한 결혼식 이벤트다. 작지만 예쁘고 단아하고 우아한 느낌의 성당, 사람들의 축복 속에 결혼식을 올리는 행복한 커플의 모습은 단번에 결혼을 꿈꾸는 여성들이 갈망하는 결혼식으로 자리 잡았다.

그로스브너 채플

이 성당은 관광객들에게 알려진 곳이 아니지만 영화로 재조명 받은 곳이다. 이곳의 역사는 1730년으로 거슬러 올라간다. 지역 유지인 리차드 그로스브너 백작이 이곳의 부지를 99년 동안 임대하는 계약을 맺고 당시 이 지역에서 상당히 유명했던 건축가에게 설계와 건설을 맡겼다. 제2차 세계대전 기간 중에는 미국 군인의 예배장소로 사용됐기 때문에 전쟁 후에도 이곳에서 유명인들의 축사가 많았다고 한다. 워낙 좋은 음향시스템을 갖춘 것으로 유명하고 이 때문에 공연도 자주 있다고 한다. 2층에 위치한 오르간은 1732년 리차드 그로스버너 경이 교회에 선물한 것인데, 세월이 흘렀어도 여전히 청아한 소리를 뿜어내며 성당의 경건함과 기품을 배가시킨다.

그로스브너 채플 내부

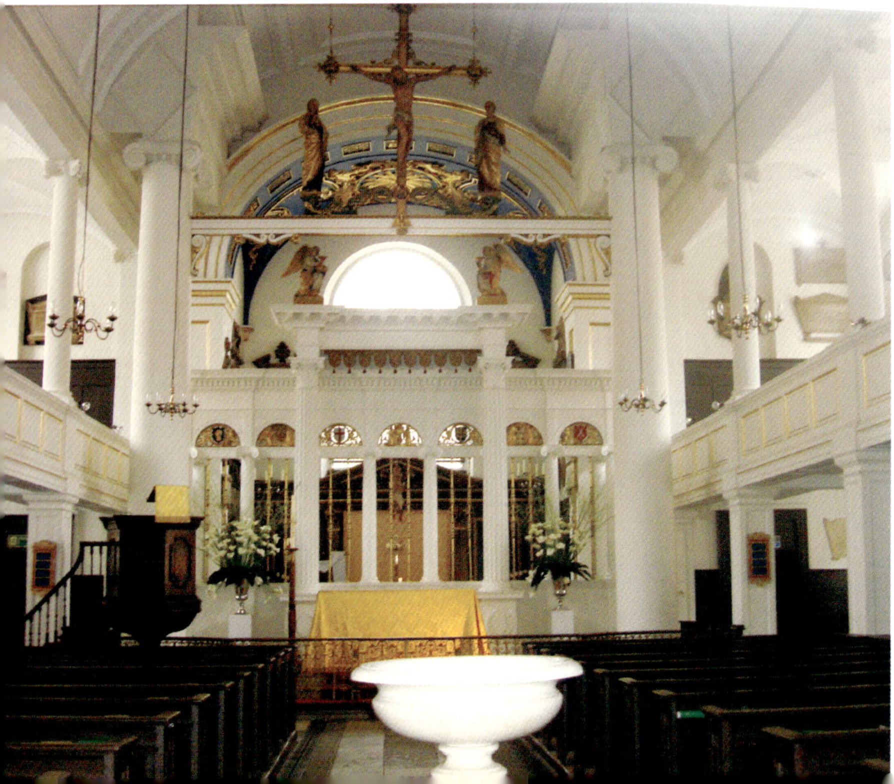

노팅힐 주택가

포토벨로 마켓

스케치북 프로포즈를 부르는 알록달록한 노팅힐 주택가

마크가 짝사랑 하던 친구의 아내에게 스케치 북으로 마음을 전하며 처음이자 마지막으로 고백을 하는 곳이다. 마크는 줄리엣를 좋아하지만 친구의 연인이라는 이유로 일부러 거리를 두기 위해 줄리엣에게 쌀쌀 맞게 군다. 줄리엣은 자신의 결혼식 때 찍은 영상 가운데 마음에 드는 것이 없어 그때 카메라를 들고 촬영을 하던 마크 집에 찾아가 그가 찍은 비디오를 볼 수 없겠냐고 물어본다. 마크는 결혼식에서 찍은 영상을 다른 영상물로 덮어버렸다는 둥 핑계를 대면서 줄리엣이 못 보도록 애쓰지만 줄리엣은 선반에 꽂힌 비디오들 가운데 자신의 결혼식 비디오를 찾아 그 자리에서 틀어본다. 자신이 찾던 장면들이 나와 기뻐한다. 그러나 계속 보고 있으니 오로지 화면에 자신의 모습만 나온다. 마크가 결혼식에서 자신만 쫓아 찍은 것이다. 그때서야 줄리엣은 마크의 마음을 눈치 챈다. 마크는 용기를 내 마지막으로 줄리엣과 피터의 신혼집으로 찾아간다. 그리고 자신의 마음을 적은 스케치북을 한장 한장 넘기며 수줍은 고백을 한다.

'To Me You Are Perfect.' 마크는 스

마크가 줄리엣에게
스케치북으로 고백한 장소

케치북으로 고백을 마치고 뒤돌아 간다. 그때 뛰어오는 줄리엣. 그리고는 마크에게 키스한다. 처음이자 마지막인 둘만의 키스, 그리고 작별의 인사임을 아는 마크는 'Enough!' (이걸로 됐어!)라고 읊조리며 돌아간다.

'러브 액추얼리'에서 가장 로맨틱한 장면 중 하나로 꼽히는 이 장면은 노팅힐에 위치한 St Luke's Mews 거리의 한 핑크빛 집의 대문 앞에서 촬영된 것이다. 이 거리는 영국의 전형적인 주택양식인 2층 높이의 낮은 주택들로 이뤄져 있는데 핑크, 파랑, 파스텔 톤, 하얀색 집 등 마치 동화 속 마을 같은 분위기를 자아낸다. 평범했던 주택가가 영화의 히트로 관광명소가 됐다. 그곳을 방문하면 줄리엣 집을 배경으로 사진을 찍는 관광객들을 어렵지 않게 볼 수 있다.

이 지역은 줄리엣의 집뿐만 아니라 영화 '노팅힐'에 나온 포토벨로 마켓으로도 유명하다. 포토벨로 마켓은 주중에는 중고품과 과일, 야채를 주로 팔고, 주말에는 골동품 시장으로 변신한다. 북적거리는 분위기를 느끼고 싶으면 토요일 오전에 방문하는 게 좋고, 인파에 휩쓸리고 싶지 않으면 주중에 방문하는 게 좋다. 다만 좋은 물건을 건지려면 아침 일찍 들르는 게 낫다. 오후가 되면 물건들이 빠지기 때문이다. 물건들이 '시장'이라는 타이틀에 걸맞지 않게 비싼 것도 단점이라면 단점이다. 그러나 신기한 물건, 볼거리가 많아 구경하기에는 제격이다. 지하철로 포토벨로 마켓으로 가려면 센트럴 디스트릭트, 서클 라인인 노팅힐 게이트 역에서 도보 3~5분 걸으면 나온다.

포토벨로 마켓

런던의 숨겨진 보석 – 서머셋 하우스 코톨드 미술관

영화의 오프닝에서 스케이트를 타는 사람들 뒤로 웅장히 비치는 건물은 서머셋 하우스다. 실제 서머셋 하우스에서 배우들이 뭔가를 하거나 내부가 카메라에 담기지는 않았지만 이렇게 외관을 비추는 것만으로도 영화에 멋을 더해줄 정도로 서머셋 하우스는 위대한 영국의 건축물 가운데 하나다.

서머셋 하우스

윌리엄 챔버스 경이 1786년에 완성했는데 원래 에드워드 6세 시대의 권세가였던 서머셋 공작의 거처였다. 과거 수백 년간 영국 왕실과 귀족을 위한 시설로 이용되다가 현재는 예술, 음악, 영화 등 다양한 전시가 열리는 문화시설로 사용되고 있다. 템스 강을 바라보는 쪽으로는 당시 유행하고 있던 신고전주의의 벽기둥과 아치가 서 있고, 스트랜드 스트리트 쪽으로는 세 개의 높은 아치와 조각으로 장식한 우아한 정문, 아름다운 파사드로 둘러싸인 거대한 안뜰을 만날 수 있다. 건축가 인스팁과 젠킨스가 건물을 업그레이드할 때 안뜰에 분수를 추가했는데 여름마다 분수 쇼가 열린다. 겨울에는 광장이 스케이트장으로 바뀌어 쌀쌀한 겨울날씨에 사람들이 붐비는 몇 안 되는 야외장소 가운데 하나다. 서머셋 하우스 템스 강변 쪽에 자리한 카페들 또한 인기다. 전망 좋기로 유명하기 때문이다.

여행객들에게 별로 알려지지 않은 서머셋 하우스를 봐야 하는 이유는 서머셋 하우스 안에 '세상에서 가장 아름다운 소규모 미술관'으로 꼽히는 코톨드 갤러리가 있기 때문이다. 입구가 작아 이곳이 미술관 입구인가 싶기도 하지만 서머셋 하우스 오른쪽에 있다. 내부로 들어서면 1~3층 규모의 전시실이 나온다. 인상파와 후기 안상파의 작품들을 볼 수 있는 곳으로, 미술에 조예가 깊지 않아도 보면 '아!' 하고 알 수 있는 작품들을 정말 많이 소장하고 있다. 발레 작품만 1,500점이나 그린 화가 드가의 '무대 위의 발레리나', 검은 옷을 입은 여인을 그리면서 자신의 죽음을 암시한 마네의 '폴리베르제르의 술집', 동료 화가 고갱과의 격렬한 싸움 끝에 충동적으로 자신의 귀를 베고 그 모습을 담은 빈센트 반 고흐의 '귀를 자른 자화상' 등이 눈앞에 있다. 몰려오는 감동에 정말 잘 왔다는 생각을 수

서머셋 하우스

없이 했던 곳이다. 마음을 굳게 먹고 사전 준비를 열심히 해도 정복할까 말까한 높은 산처럼 많은 공부를 미리 해야 비로소 즐길 수 있는 내셔널 갤러리에 비해 아주 아담해 덜 부담스럽다. 고풍스러운 대저택 분위기에 붐비지 않아 편안하고, 비교적 아는 작가들이 많아 반가웠던 곳, 런던에서 가장 좋았던 갤러리 중 한 곳이었다. 작은 아쉬움이 있다면 입장료가 있다는 것이다. 성인 7~9.50파운드(기간에 따라 달라짐), 학생 5파운드, 18세 이하는 무료다. 상업용 목적이 아닌 개인 소장용으로는 갤러리 내부 사진을 찍을 수 있다.

셜록의 닥터 왓슨이 '러브 액추얼리'에?

러브 액추얼리에 셜록의 '닥터 왓슨'으로 일약 스타가 된 마틴 프리먼이 나온 것을 알고 있었는지? 프리먼은 베드신 전문배우로 등장한다. 그런데 상대 배역으로 나온 여성의 가슴 노출 장면이 상당했고 한국 개봉 당시에는 15세 이상 관람가로 맞추기 위해 이 커플의 에피소드는 통편집 당하고 말았다. 내가 이 커플의 스토리를 본 것 역시 영화가 나오고 10여 년이 흐른 후 DVD 무삭제판, 감독판을 통해서였다.

사진 출처 : fictionmachine.com

프리먼은 영화에서 베드신이 진행되지 않을 때는 어색해서 베드신 상대 여배우에게 말도 못 붙이지만 정작 베드신 촬영 중에는 너무나 자연스럽게 대화를 나누고 결국 데이트 신청도 베드신을 찍는 도중에 해결해 버리는 엉뚱남으로 나온다. 베드신을 찍으면서 상대 여배우와 섹스장면도 연출하고 옷을 다 벗은 모습 등 볼 것 다본 사이지만 촬영장 밖에서의 데이트 장면은 무척이나 수줍고 상큼하다. 이 커플의 연애 스토리를 보는 것도 색다른 재미고 2003년에 영화가 제작됐으니 약 13년 전의 풋풋한 프리먼의 모습을 보는 것도 매우 즐겁다.

템스강을 바라보며 대화를 나누는 아빠와 아들, 가브리엘 워프

초등학생 아들이 엄마의 죽음을 받아들이기 힘들어하는 것 같아 새아빠(리암 니슨)는 진지하게 말을 꺼내지만, 사실 아들은 첫사랑이자 짝사랑으로 인해 괴로워하고 있었다. 이들이 처음으로 대화다운 대화를 나누었던 이곳은 런던 사우스뱅크의 가브리엘스 워프이다. 오래 전 창고 건물로 쓰이던 허름했던 이곳이 지금은 콘서트홀, 극장, 미술관, 레스토랑이 즐비한 런던 여행에서 빼놓을 수 없는 지역으로 근사하게 바뀌었다.

가브리엘 워프

가브리엘 워프는 워털루 브릿지 동쪽에 있는데 템스 강변을 걷는 사람들이 여기까지

는 잘 안 온다. 그러나 시간을 내서 방문하면 생각지도 못한 즐거움을 맞이한다. 런던의 명소 런던아이에서 강을 보고 오른쪽으로 내려가다 보면 내셔널 씨어터가 나오고 거기서 더 가다보면 얼마안가 가브리엘 워프가 나온다. 이 지역의 침체된 경제를 살리기 위해 도로를 정비하고 상점들도 다시 문을 열었다. 워프(부두)라는 지명에 걸맞게 수면과 맞닿아 있어 물이 빠지고 들어오면서 해수면의 차이가 몇 시간 차이로 확연히 다르다. 그래서 여름에는 약간 해수욕장 느낌이 나기도 한다. 약간 뒤쪽으로 가면 저렴한 레스토랑들도 있다. 옛날 창고를 개조해 허름한 느낌의 아기자기한 상점들과 모던한 레스토랑이 이상하리만큼 어울리면서 오묘한 느낌을 자아낸다. 캠든 마켓 같은 펑키한 느낌도 난다.

런던이 낙후된 지역을 재개발해 활력을 불어넣고, 관광지로 만들어 수익을 창출하는 능력은 단연 뛰어난 것 같다. 그렇다고 무턱대고 기존의 것을 허물고 새로운 건물만 무작정 세우는 것은 아니다. 기존 건물을 최대한 활용하고, 필요하면 리모델링을 해 사람들이 편하게 휴식을 취하고 일할 수 있는, 관광객들도 찾고 싶은 공간으로 탈바꿈 시켰다. 가브리엘 워프는 워털루역 출구에서 워털루 브릿지로 도보로 약 5분, 내셔널 씨어터에서 도보로 3분 정도 걸린다.

04

제인 오스틴,
그리고 홍차

비와 안개의 도시 런던이라고 했던가. 런던은 가을의 딱 그런 느낌이다. 스산하고, 쌀쌀하고 쓸쓸하고 어둡다. 거기에다 비까지 오는 날이면 기분이 몇 배로 처진다. 그럴 때면 따뜻한 차 한 잔과 스콘이 만병통치약이다.

영국인에게 홍차는 과연 무슨 의미일까? 영국인들의 홍차 사랑은 과연 언제 시작됐을까? 내가 차 문화에 빠져든 것은 아일랜드에서 대학원 생활을 하면서다. 아일랜드에서 대학원을 다니던 시절 아이리시 친구들과 스코틀랜드에서 온 친구와 한집에서 살았는데, 그 친구는 'Would you like some tea?'를 입에 달고 살았다. 그는 커피는 전혀 마시지 않았고 커피전문점에 가서도 영국 차 전문 브랜드 트와이닝의 여러 가지 맛의 홍차를 주문해 마시곤 했다. 집에는 홍차와 함께 먹는 스콘 및 비스킷 등 핑거 스낵 종류도 당연히 구비해 놓고 있었다. 친구들을 초대해 간단한 티 파티도 종종 열고는 했었다.

영국에서 온 친구, 아일랜드 친구들이 홍차를 마시다 보니 나도 커피보다 차를 많이 찾게 됐다. 그리고 홍차를 진하게 우려 우유를 넣어 마시는 밀크티의 맛에 새롭게 눈을 뜨게 됐다. 런던 시내를 돌아다니면 스타벅스, 코스타, 카페 네로 등 글로벌 커피 브랜드 체인들이 한 블록 건너 하나씩 자리 잡고 있다. 이 같은 커피의 공격적인 도전에도 불구하고 홍차의 인기는 여전하다.

런던처럼 가을이나 겨울, 한국만큼 춥지는 않지만 해가 일찍 떨어지고 한낮에도 어둑어둑하고, 쌀쌀한 날씨에는 따뜻하고 쌉쌀하지만 고소한 밀크티가 제격이다. 한국에 돌아올 때 런던이나 더블린에서 즐겨마시던 티백을 가득 사와 그 맛을 즐겨보려고 했지만, 그곳과 다른 물, 또는 우유, 아니면 그때의 분위기가 아니어서 그런지 내가 흠뻑 빠졌던 그 맛이 나지 않았다. 아무튼 그때의 경험으로 홍차의 세계에 빠져들게 되었는데, 사소한 것일 수도 있지만 좋아하는 취미가 하나 더 생긴다는 게 삶을 풍요롭게 하는 것은 분명하다.

홍차라는 새로운 즐거움을 발견하고 나서는 책이나 영화에서 홍차가 등장하면 눈을 크게 뜨고 주목하게 됐다. 홍차의 오랜 역사만큼이나 영국 소설이나 영화에 차 문화가 심심치 않게 등장한다. 특히 우리에게 '오만과 편견', '엠마' 등의 소설로 잘 알려진 영국 작가 제인 오스틴이 홍차 마니아인 걸 아는지? 책 '티 위드 제인 오스틴'을 보면 오스틴의 삶과 작품 활동에서 홍차가 매우 중요한 역할을 하고 있는 것을 알 수 있다. 그녀는 가족 중에서 차를 보관하고 끓이는 역할을 맡았다고 한다. 그 시절 차는 귀한 음식이라 차를 다루는 것을 하녀에게 맡기지 않았다고 한다. 집 주인 가족 중 한명이 차를 넣어둔 찬장을 관리하고, 차를 보관하고, 손님이 왔을 때 차를 끓이고 대접했다고 한다.

제인 오스틴이 살았던 18세기는 아침, 점심, 저녁은 물론이고 간간히 휴식을 취할 때, 심지어 여행 중에도 홍차를 마시는, 그야말로 홍차가 삶 깊숙이 녹아들어있던 시

절이었다. 실제 그녀의 소설을 드라마화한 '엠마'나 '오만과 편견' 등을 보면 아침 식사로 가볍게 빵과 홍차를 즐기는 모습, 주인공들이 손님이 왔을 때 홍차를 준비하고 마시는 모습이 심심찮게 나온다. 다만 오스틴이 홍차를 마시는 시절에는 현재 널리 알려진 차 종류인 '잉글리시 블랙퍼스트'는 유행하기 전이었고, 주로 자스민 향이 가미된 그린티를 즐겨 마셨던 것으로 전해진다.

그들은 언제부터 차를 마시기 시작했을까? 그들의 아침 식사는 언제부터 차와 함께였을까? 영국의 전통적인 아침은 맥주 등이 포함된 푸짐한 식사였다. 하지만 17세기 초 앤 여왕이 아침마다 먹던 알코올음료 대신 가볍고 상쾌한 홍차를 마시기 시작하면서 아침 식사에 차 마시는 문화가 정착됐다고 한다. 식음료가 알코올에서 차로 바뀌면서 식사도 덩달아 가볍게, 또 건강하게 바뀐 것이다.

오스틴이 사랑했던 홍차의 모든 것 

▸ 홍차의 종류

세계 3대 홍차로는 스리랑카의 옛 지명인 실론의 우바, 중국의 기문, 그리고 인도의 다즐링이 꼽힌다. 스리랑카, 중국, 인도 3개국은 홍차의 최대 생산지이기도 한데, 여기서 나오는 차는 다른 종류와 섞지 않고 100% 그대로 즐기는 차이기 때문에 스트레이트 티(Straight tea)로 분류된다.

여러 가지 찻잎을 섞어서 보다 새로운 맛과 향을 즐길 수 있는 홍차는 '블렌디드 티'(Blended tea)라고 불린다. 대표적으로는 오렌지 페코와 잉글리시 블랙퍼스트 티가 있다. 찻집이나 슈퍼에서 구입할 수 있는 홍차들은 대부분 블렌딩(여러 종류가 섞인)된 종류가 많다. 홍차의 제조과정에서 천연향료, 과일, 꽃을 첨가한 홍차는 플레이버리 티(Flavory tea)라고 불린다. 얼 그레이는 중국 홍차에 실론이나 인도차를 블렌딩한 뒤 베르가못 열매에서 추출한 오일을 섞어 만드는 대표적인 플레이버리 티다. 그 외에도 사과향을 섞은 애플 티, 딸기향을 첨가한 스토로베리 티 등이 있다.

▸ 제인 오스틴식 티 파티

친구들을 초대해 집에서도 오스틴이 즐기던 아담하지만 정겨운 홍차 파티를 즐길 수 있다.

1. 작은 테이블을 준비한다.
2. 테이블 위를 흰 천으로 덮는다.
3. 찻잔, 접시, 티 팟(주전자), 은수저, 우유를 담은 병인 밀크 저그(항아리), 설탕이 담긴 저그, 차를 걸러 마시는 스트레이너(또는 차를 우려내는 기구인 인퓨져(infuser)), 토스트, 스콘, 작은 케이크 등이 담긴 바구니, 개인용 접시, 냅킨 등을 준비한다.
4. 홍차 잎을 미리 데워둔 찻주전자에 넣고 찻잎의 종류에 맞는 적당한 시간 동안 뜨거운 물을 넣고 우린다. 손님들의 찻잔도 미리 데워 놓는 게 좋다. 예열하지 않은 차

가운 잔에 뜨거운 음료를 넣으면 순식간에 온도가 낮아져 맛과 향이 감소한다.
5. 홍차가 완성되면 호스트는 손님들의 찻잔에 홍차를 따르고 손님들은 기호에 따라 홍차에 레몬이나 라임 한 조각을 곁들이고, 아니면 홍차에 우유나. 설탕 등을 넣어 밀크티로 만들어 먹는다.

홍차 문화가 화려하게 꽃피던 18세기에는 여주인이 티 파티를 위해 준비해야 하는 것들과 하인을 부리는 방법, 테이블에 필요한 그릇, 자기들, 그리고 음식을 만드는 레시피까지 적힌 가이드북을 누구나 하나씩 가지고 있는 정도였다고 한다. 지금의 티 파티는 그 당시보다는 매우 가볍게 즐기는 경우가 대부분이다. 다만 손님을 맞이하기 위해 집안을 깔끔하게 정리하고, 파티 분위기에 맞춰 예쁘게 꾸미는 것은 여전히 주인의 몫이다. 홍차에서 가장 중요한 신선한 홍차 잎, 홍차를 항상 따뜻하게 마실 수 있는 뜨거운 물, 예열된 찻잔, 너무 떫어져 못 마시게 된 홍차를 버릴 수 있는 그릇 등은 잊지 말고 준비하자. 홍차에 어울리는 디저트를 주인이 준비하는 경우가 대부분이지만 파티 초대에 대한 답례로 손님들이 디저트를 하나씩 준비해 오기도 한다. 또한 파티에 초대받은 손님은 티 파티에 알맞은 옷차림과 태도에 신경 쓰는 것이 좋다.

티 파티 종류와 장소에 상관없이 기본적인 에티켓이 있다. 차에 설탕이나 우유를 넣고 저을 때 티스푼이 찻잔에 되도록이면 부딪히지 않도록 하는 것이 좋다. 차를 마실 때에도 너무 크게 소리를 내지 않는 것이 예의다. 잔과 받침을 가슴 높이로 올려서 마시는 것이 교양 있는 사람들의 우아한 행동으로 여겨진다. 그런데 실제 이렇게 마시면 차를 마시는 입장에서도 편안한 자세라고 생각하게 된다. 전통적으로 티 파티에서는 손잡이가 달리고 입구가 넓은 찻잔을 이용했지만 요즘에는 찻잔과 머그잔을 구별하지 않고 쓰는 경우가 많다.

▸ 애프터눈 티는 언제 시작됐을까?

식사 때를 제외하고 처음으로 늦은 오후에 차를 마시기 시작한 이는 베드포드 7대 공작부인 안나 마리아(Anna Maria 7th Duchess of Bedford, 1788~1861)다. 당시 영국의 식사 패턴은 아침은 풍성하게, 점심은 가볍게, 그리고 저녁 8시 쯤 늦게 만찬을 먹는 패턴이었다. 점심과 저녁 사이 공복 시간이 길어지면서 늦은 오후쯤이면 허기를 느끼는 사람들이 많았다고 한다.

어느 날 늦은 오후 무렵, 베드포드 공작부인이 '축 가라앉는 기분(sinking feeling)'이 든다며 하녀에게 다기 세트와 빵, 버터를 쟁반에 담아 오라고 했다. 공작부인은 오후에 마시는 차가 기운을 북돋고 머리가 맑아지는 것을 경험하고는 친구들을 초대해 이 시간에 티타임을 자주 즐기게 된다. 공작부인이 친구들과 손님들을 초대해 티타임을 갖는 일이 잦아지면서 어느새 늦은 오후 티타임은 상류사회 부인들 사이에서 유행처럼 번졌다. 이것이 '애프터눈 티'의 유래라고 한다. 주로 침실 옆 휴게실, 집안 내부에서 작게 가졌던 티타임은 빅토리아 시대에 들어서는 응접실이나 정원 등으로 공간을 확대한다.

애프터 눈 티는 로우 티(low tea)라고도 하는데, 여기에서 '로우(low)'란 가볍다는 의미로, '가벼운 간식과 함께하는 차'라는 의미다. 오후 4~5시에 즐기는 애프터눈 티가 사교적인 의미라면 노동자들이 오후 2시쯤 가지는 '티 브레이크'도 있다. 산업혁명 이후에 생겨난 차 문화인데 아침부터 저녁까지 과중한 업무로 지친 노동자들이 차 한 잔을 통해 휴식을 취하고, 일을 더 잘할 수 있도록 격려하는 차원에서 경영자들이 권장한 티타임이다. 티 브레이크 시간이 되면 이들이 편하게 즐길 수 있도록 티 레이디가 차를 담은 대형 보온 주전자를 실은 손수레를 끌고 다시면서 노동자들에게 차를 부어줬다고 한다.

▸ 홍차, 어디서 살 수 있을까?

01. 포트넘 앤 메이슨

영국이 '홍차의 나라'라는 명성을 얻게 된 이후 전 세계 관광객이 영국에 오면 홍차를 사기 위해 한번은 들르는 곳이다. 한국인 사이에서도 홍차와 관련된 모든 것을 즐기는 곳으로 인기를 얻고 있다.

포트넘 앤 메이슨 내부

포트넘 앤 메이슨의 역사는 300년 가까이 된다. 1707년 휴 메이슨과 윌리엄 메이슨이 식료품과 차를 파는 가게를 열면서 시작됐다고 한다. 이후 홍차가 인기를 얻으면서 홍차를 팔기 시작했고 1867년부터 왕실과 영국 귀족들에게 납품하면서 명성을 얻게 됐다. 피카딜리 서커스에서 그린파크 역으로 가는 중간쯤에 포트넘 앤 메이슨 본점이 있다. 스트레이트 티, 블렌디드 티, 플레이버리 티 등 전 세계 홍차들을 이곳에 모두 모아두었다 해도 무방할 만큼 엄청나게 다양한 홍차 종류가 있다. 왕실 가족의 취향과 기호를 살려 탄생한 독특하고 고급스러운 차들도 눈에 띈다. 복숭아, 딸기 등 갖가지 과일향이 나는 홍차, 홍차와 곁들일 비스킷, 초콜릿, 커피, 그리고 고급 백화점에서 볼 수 있을 만한 고급 홍차 관련 도자기류 등도 판매한다.

포트넘 앤 메이슨 내부

이곳에는 또한 각층마다 다른 분위기의 아기자기한 인테리어로 꾸민 티 룸이 있다. 왠지 홍차 전문 브랜드가 서비스하는 애프터눈 티는 더욱 고급스러운

느낌이 든다. 다만 귀족들을 위한 차 백화점의 명맥이 현재까지 이어져 온 것이므로 차의 가격이 상대적으로 비싸다. 그런데 사방을 꽉 메운 예쁘게 포장된 상품들에 둘러싸여 코를 자극하는 홍차 향에 취하면 질 좋은 차를 마시기 위해서라면 기꺼이 이 정도 비용은 감수하겠다는 생각이 나도 모르게 들게 하는 곳이다.

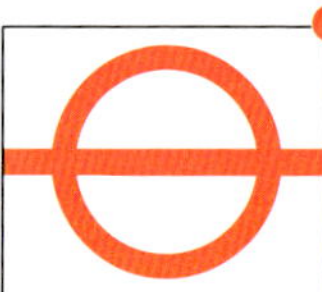

피카딜리 서커스 거리

02. 위타드

위타드도 영국 홍차를 말할 때 빼놓을 수 없는 브랜드다. 런던을 방문한 관광객들이 여지없이 들르는 런던의 유명 쇼핑가 리젠트 스트리트와 코벤트 가든에도 위타드가 위치해 있어 관광객들이 힘들게 매장을 찾지 않아도 주요 명소들을 들르다 보면 어렵지 않게 마주칠 수 있는 곳이다.

특히 이곳은 아시아인들에게 인기가 많은 것 같다. 이들 매장

을 지나칠 때마다 위타드 쇼핑백을 든 중국인, 일본인 관광객들을 마주치곤 했었다. 친구의 소개로 위타드 차에 맛을 들인 이후 찻잎을 구입할 때는 주로 위타드를 찾았다. 얼그레이, 아삼 등 오리지널 홍차도 맛있지만 초코, 시나몬, 블루베리, 사과 등 각종 향을 가미한 홍차들도 맛있다. 가격도 적당하고 포장이 아기자기해 지인 선물용으로 적당하다. 위타드에는 원두커피도 파는데 한 번도 마셔보지는 못해 그 맛이 궁금하다.

위타드 내부

03. 트와이닝

한국의 대형마트에도 들어와 익숙한 브랜드다. 1706년 트와이닝이 런던 트라팔가 광장에서 커피하우스를 열고 커피와 차를 함께 팔면서 시작됐다. 당시 여성들의 커피 하우스 출입이 금지됐었는데, 이에 트와이닝은 1717년 여성들을 위한 홍차만 판매하는 별도의 매장을 열어 여성들에게 큰 인기를 끌었다. 빅토리아 여왕 시대인 1837년 왕실 납품권을 따내면서 공식적으로 명성을 인정받기도 했다. 포트넘 앤 메이슨이나 위타드가 전문 매장이나 백화점이 아니고서야 살 수 없는 것과 달리 트와이닝 제품은 런던의 웬만한 대형마트에는 다 들어와 있어 구하기가 쉽다.

04. 요크셔 티, PG Tips, 테틀리

이 밖에도 슈퍼마켓에서 판매해 접근성이 좋고, 저렴해 누구나 쉽게 즐길 수 있고,

거기에다 맛도 좋은 홍차들이 있다. PG Tips와 테틀리는 독특한 맛은 없지만 가격이 저렴하고 매일 같이 마시기 무난해 인기가 있다. 요크셔 티는 스트레이트로 마셔도 맛있고 우유나 레몬을 첨가해서 마셔도 맛이 괜찮다.

영국식 밀당의 대가 '제인 오스틴'

여성들의 감성을 자극하는 로맨스 소설을 여러 편 쓴 제인 오스틴은 1755년 영국 햄프셔주 스티븐턴에서 시골 목사 가정의 8남매 중 일곱째로 태어났다. 평생 가족과 친척, 몇몇 지인 정도만 알고 지낼 정도로 인간관계가 극히 제한적이었다고 한다. 오빠들은 명문대에 진학했지만 언니와 오스틴은 어린 시절 다녔던 기숙학교가 집을 벗어난 유일한 시간이었다. 바깥 활동은 제한적이었지만 집안 분위기가 독서와 연극 등 다방면의 예술 활동을 장려하면서 오스틴은 10대 초부터 시, 산문, 희곡 등의 습작에 관심을 보이기 시작했다.

22세에 '첫인상'을 완성해 아버지가 런던 출판사에 보냈지만 거절당했다. 이 작품은 이후 '오만과 편견'으로 재탄생 된다. 이후 '이성과 감성', '맨스필드 파크', '엠마', '노생거사원', '설득' 등을 썼다. 그녀의 완성된 소설은 이처럼 6권에 불과하다.

오스틴의 소설이 평화롭고 고즈넉한 전원생활, 사랑이야기들을 담아내면서 1차 세계대전 이후 전쟁의 상처로 고통 받는 군인들에게 오스틴의 작품 읽기가 권장됐다고 한다. 그녀의 책이 군인들에게 집에 대한 그리움을 위로해주고 마음에 안정을 준다고 여겨졌기 때문이다.

제인 오스틴은 평생 독신으로 살았다. 오스틴의 연애 스토리는 영화 '비커밍 제인'에 그려졌는데, 그녀가 20세가 됐을 때 법정 변호사를 꿈꾸는 아일랜드계 톰 레프로이

와 만나 사랑의 감정을 싹 틔우지만 좋은 집안 출신인 그와의 신분 차를 극복하지 못하고 헤어졌다.

오스틴이 1801년부터 1806년까지 살았던 런던 근교 바스 지역의 집은 제인 오스틴 센터로 변모해 오스틴이 살았던 당시의 거리와 집안 분위기를 재현해 놓았다. 의상, 지도, 문구류, 책 등 그 시절 물건을 구경할 수 있다. 그녀가 바스에 살면서 경험한 일들은 소설 바스가 배경으로 등장하는 '설득', '노생거사원'에서도 엿볼 수 있다.

제인 오스틴은 2013년 영국 10파운드 지폐의 얼굴이 됐다. 그전까지는 영국 과학자 찰스 다윈이 10파운드 모델이었다. 영국은 1970년부터 지폐에 들어가는 인물을 주기적으로 바꾸었는데, 여성이 지폐에 얼굴을 올린 것은 영국 여왕을 제외하고는 여성개혁 운동가 엘리자베스 프라이, 간호사 플로렌스 나이팅게일 두 사람 뿐이었다. 대작가 윌리엄 셰익스피어, 찰스 디킨스, 음악가 에드워드 엘가, 마이클 페러데이 등 대부분 남성 위인이 지폐의 얼굴이었다.

10파운드에 새겨진 제인 오스틴

사진 출처 http://www.usatoday.com/

21세기 여성의 '오만과 편견' 다시 쓰기 – Lost in Austen

제인 오스틴의 작품에서는 빅토리아 시대의 연애관, 결혼관 등을 엿볼 수 있다. 특히 자기 주관이 뚜렷한 여성 '엘리자베스'와, 한번 가진 선입견에 집착하고 자신의 생각이 확고한 '미스터 다시'가 부정적이던 서로의 첫 인상을 극복하고 밀당을 거쳐 사랑에 빠지는 소설 '오만과 편견'은 여성들이 어린 시절 읽으면서 한번쯤 설렘을 느꼈을 소설이다. 오스틴 소설의 인기가 어느 정도냐면, 그녀의 작품인 '오만과 편견', '엠마', '설득', '노생거사원', '팬스필드 파크' 등이 모두 드라마나 영화로 제작됐다. 특히 오스틴의 작품 가운데 많은 사랑을 받는 '오만과 편견'은 1958년 처음 TV 드라마로 제작된 이후, 1967년, 1980년, 1995년 등 무려 4차례나 드라마로, 1940년, 2005년 영화로 제작됐다. 2005년 영화에는 인기 여배우 키이라 나이틀리가 단아하면서도 강단 있는 엘리자베스를 표현했다. '오만과 편견'이라는 콘텐츠가 얼마나 인기가 있었는지 소설 내용을 살짝 비튼 작품들도 등장하기 시작했다. 21세기 여성이 '오만과 편견' 시대로 시간여행을 해서 미스터 다시와 사랑에 빠지는 내용인 'Lost in Austen'(BBC 드라마, 2008), 엘리자베스 가족을 몰락한 영국 귀족 가문이 아니라 인도 중산층으로 탈바꿈 시킨 '브라이드 앤 프레쥬디스'(영화, 2004) 등이다.

오스틴의 작품들은 소설이나 드라마, 영화 등 빼놓지 않고 봤지만 특히 '로스트 인 오스틴'이 기억에 남는다. 대부분의 오스틴 작품 배경이 산업혁명이 무르익을 무렵 대도시 근교 넓은 농지를 일구며 전원생활을 추구하는 귀족사회를 다루고 있기 때문에 런던의 모습을 구경할 수 없는 반면, '로스트 인 오스틴'은 주인공인 아만다가 런던에서 일하는 20대 직장여성으로 설정된 탓에 빅토리아 시대로 시간여행 하기 전 21세기의 런던의 모습이 드라마에 등장하기 때문이다. 특히 다시가 아만다를 향한 사랑을 깨닫고 현재의 런던으로 시간여행을 오고, 아만다와 다시가 런던의 명물 빨간색 2층버스를 타고 엘리자베스를 찾으러 가는 장면은 아직도 기억에 남아있다. 빅토리아 시대에서 21세기로 공간 이동한 다시는 어색하게 버스에 타고 두리번거리는데, 내가

처음 런던에 가서 2층버스를 탔을 때 느꼈던 약간의 긴장과 설렘이 떠올랐기 때문이다. 그리고 2층버스를 타고서는 버스 여행 자체만으로도 런던은 여행자들에게 행복을 주는 도시라는 것을 느꼈던 그때의 감정이 떠올라서다.

런던의 교통비는 한번 버스를 타는데 오이스터 가드 이용시 1.5파운드로 서울 시내버스 요금의 2배를 훌쩍 넘을 정도로 비싸다. 그런데 이런 비싼 교통비에서도 한줄기 빛이 있다면 그건 하루 동안의 버스 결제액이 최대 4.5파운드로 제한돼 있다는 것이다. 즉 버스를 3번 정도 이용하면 4.5파운드를 넘는데, 4.5파운드를 넘은 이후에는 아무리 많이 버스를 이용해도 요금이 더 이상 결제되지 않고 무료로 이용할 수 있다는 것이다. 가끔 걷기가 너무 귀찮고 가만히 앉아서 런던을 구경하고 싶을 때 하루 종일 버스를 탄 채 밖을 구경한다. 팁이 있다면 2층 버스 2층의 맨 앞자리에 앉는 것이다. 2층의 높이 덕분에 마치 놀이기구에 올라탄 듯한 느낌을 준다. 그리고 눈앞에서 바로 나만을 위한 영화 스크린이 펼쳐지듯 밖의 풍광을 아무런 방해 없이 생생하게 구경할 수 있다. 대영박물관, 옥스퍼드 스트리트, 리젠트 스트리트, 피카딜리 서커스, 코벤트 가든 등 주요 관광지를 들르는 24번 버스를 타면 편리하기도 하고, 창밖으로 보이는 거리를 구경하는 재미도 쏠쏠하다. 버스 여행을 즐기는 또 다른 방법은 목적지를 정하지 않고 아무 노선의 버스나 타서 끝까지 가보는 것이다. 그러다가 마음이 내키는 어느 곳에 내려 커피를 한잔 하고, 좀 여유를 부리다가 다시 버스에 올라타 버스가 데려다주는 거리와 주위를 구경하는 것이다. 이렇게 계획하지 않고 무작정 올라탄 버스가 선사하는 새로운 런던의 풍광을 감상하는 것이 예상치 못한 즐거움으로 다가올 것이다. 무엇보다 생각지도 못한 선물을 받는 것처럼 어떠한 여행책자에서도 보지 못한 숨은 명소를 발견하는 재미도 누릴 수 있다. 다만 구글 맵 등을 이용해 현재의 내 위치, 돌아오는 방법 등은 알아두는 것이 무계획 버스여행에서 최소한의 안전을 지킬 수 있는 방법임을 명심하자.

런던 여행의 경우 출발지와 목적지 등 일정이 다 정해졌으면 http://www.tfl.gov.uk/ 사이트를 이용하면 아주 편리하게 도보, 버스, 튜브 중 가장 편한 이동 방법을 알 수 있다.

런던 2층 버스

05

찰스 디킨스와
런던의 뒷골목

영국, 유럽 등 '선진국'이라 불리는 국가들을 떠올리면 – 텔레비전이나 영화 속 웅장한 궁전에서 화려하게 치장한 왕족이나 귀족들의 이미지가 너무 강하게 인상에 남아 있기 때문일 수도 있지만 – 그들은 아주 옛날부터, 그러니까 처음부터 부자 나라였을 거라고 어린 시절에는 막연히 생각했던 것 같다. 부자 나라니까 당연히 국민들도 예외 없이 잘 먹고 잘 입고 부족함 없이 잘 살 것으로 생각했었다.

나의 그런 착각을 완전히 깨 준 것이 영국 작가 찰스 디킨스(1812~1870)의 소설 '올리버 트위스트'다. 세계의 부를 장악한 것은 물론 얼마나 많은 식민지를 보유했으면 하루 24시간 동안 세계 도처에 있는 식민지들 중 적어도 어느 한 곳에는 해가 떠 있어 '해가지지 않는 나라'로 불렸던 영국에도 굶는 아이들이 있다는 것, 오물이 뒤덮인 거리에서 하루하루 연명하는 사람들이 있었다는 것은 충격이었다. 부자 나라라고 해서 국민 모두가 잘 사는 것은 아니라는 것, 배를 불리고 떵떵거리고 사는 사람이 있는 반면, 하루 한 끼도 해결하지 못해 구걸하는 사람들이 있다는 것, 시대상황이 변하면서 형식은 조금씩 바뀌지만 사회에는 지속적으로 계급이 존재해왔다는 것을 처음으로 자각한 순간이라고나 할까.

지저분했던 골목이 펑키한 명소로, 캠든 타운

올리버 트위스트의 배경이 된 19세기 영국은 산업혁명이 급물살을 타던 시대다. 광대한 시장, 풍부한 자본, 자원, 노동력, 안정된 정치와 사회 상황을 바탕으로 세계에서 가장 먼저 증기기관 등 기술 혁신을 이룬 영국은 세계의 공장으로 거듭나면서 전 세계의 부를 빨아들였고, 이로 인해 빅토리아 여왕 시대는 '영국의 황금기'로 불리며 전 세계 위에 군림했다.

그러나 이 시대의 런던은 결코 낭만적이지 못했다. 갑자기 늘어난 부에 사회는 혼란스러워졌고 범죄가 만연했다. 쓰레기가 쌓여 악취가 가득하고 석탄 사용이 늘어나면서 스모그가 런던을 뒤덮었다. 산업혁명으로 석탄의 사용이 늘어나면서 스모그는 더욱 심해졌다.

빈민들의 식수 사정은 최악이었다. 당시 영국인들의 식수 근원은 템스강이었는데, 오수 정화 시설이 제대로 갖춰지지 못해 인간의 분뇨, 가축 분뇨, 온갖 독성물질 등이 녹아있는 오염물이었다. 템스 강물 때문에 콜레라, 장티푸스와 같은 병에 걸리는 일도 잦았다. 그래서 당시는 물보다 맥주를 마시는 게 더 낫다는 인식이 팽배해 알코올 중독자들도 많았다. 이 시대 가장 싼 술 가운데 하나가 진(알코올에 노간주나무 열매로 향기를 내는 무색투명한 증류주, 알코올 농도는 40도 가량)이라 진에 취한 사람들도 흔히 볼 수 있었다. 1730~1740년대 빈민들의 진 문화는 미국의 마약같이 국가를 갉아먹는 사회문제였다.

실제로 찰스 디킨스는 '진을 마시는 것은 영국의 해악'이라고 비판했으며, 극작가인 헨리 필딩은 '진이야말로, 대도시 인구 수 십만 명을 해치는 해악이다. 이 독한 술에 접한 사람들은, 지독한 주정뱅이가 돼 이 술을 다시 사기 위한 돈조차 제대로 벌수 없게 된다. 게다가 모든 수치심과 공포심도 없애버려서 상상할 수 있는 모든 범죄와

뻔뻔스러움을 낳게 한다.'라고 비판했다.

화려한 이면에서 고통 받는 가난한 서민들은 잊히기 마련이다. 디킨스의 소설들 가운데 특히 '올리버 트위스트'는 가난하고 더러운 뒷골목으로 몰린 서민들의 비루한 삶과 그곳에서의 인간 군상을 현실감 있고 탁월하게 묘사했다. 런던 북쪽 현재의 캠든 타운이 당시 올리버 트위스트의 무대였다고 한다.

캠든 타운 입구

캠든 타운을 지날 때 디킨스 작품 속 런던의 모습이 겹쳐진다. 캠든 타운, 러셀 스퀘어, 전형적인 주택가 Doughty Street 48, 찰스 디킨스와 그의 가족이 2년 동안 살았던 집 등, 당시 런던의 흔적을 품고 있기 때문이다. 도허티 스트리트의 초록색 대문이 디킨스 가족이 살던 집이다. 그가 살았던 런던의 집 중 유일하게 보존돼 있는 이곳의 집은 1923년 부서질 위험에 처했지만 디킨스 펠로우쉽에 의해 복원돼 1925년 찰스 디킨스 박물관으로 재탄생했다.

캠든 마켓

소설에서 묘사된 런던의 뒷골목은 회색빛의 차갑고, 적막하고, 오물이 넘쳐 더럽고, 때 묻은 어린아이들이 뛰어다니는, 우울함이 가득한 가난한 모습이라면, 지금의 런던 골목은 현대화의 손길이 덜 미쳐 과거의 모습을 간직한, 그래서 향수를 불러일으키는 독특한 매력의 장소로 각광받고 있다. 더 이상 위생을 위협할 정도로 더럽지도 않다. 캠든 타운만 봐도 그렇다. 지저분하고 '가난한 뒷골목' 이미지였던 캠든 타운은 지금은 골목마다 볼거리가 가득한, 젊음의 활기가 넘치는 펑크 타운으로 변했다. 2016년 4월 다시 찾은 캠든 타운은 여전히 활기가 넘쳤다.

디킨스의 빅토리아 시대 문화를 만끽하고 싶다면

빅토리아 여왕(1819~1901)의 재위 기간은 자그마치 63년에 달한다. 그녀의 재위 기간 동안 대영제국은 대외적으로 영토 확장의 최절정을 맞본다. 그녀는 영국과 아일랜드 연합왕국의 여왕이었으며 식민지로 삼은 인도의 황제 자리까지 오른다. 영국의 통치 영역은 세계 5대륙 3,300여만 평방킬로미터에 달했다. 세계 영토의 4분의 1을 휩쓸어 대영제국은 세계에서 가장 면적이 큰 제국이었다. 홍콩 빅토리아 하버, 캐나다 빅토리아 시, 싱가포르 빅토리아 기념관, 호주 빅토리아 주 등 빅토리아 이름이 붙은 강, 호수, 거리, 공원, 학교 등이 전 세계에 산재해 있는 것도 과거 영국의 영광의 흔적이다.

영국 내부적으로도 경제와 문화는 절정을 맞는다. 산업혁명으로 인해 그녀가 여왕에 오를 때는 몇 개에 불과하던 철로가 그녀가 사망할 때에는 도시 곳곳을 연결했다. 공업화로 축적한 부로 복지와 문화도 꽃 피운 시대다. 영국은 이미 1891년 무료교육을 실시했다. 런던 곳곳에 빅토리아시대 건축물과 문화 상징물들이 산재해 있다.

 LONDON FANTASY TOUR 

그린 파크

초록으로 덮인 런던

인구 800만 명의 도시 런던은 무려 80여 개의 공원이 있다. 크기 면에서 가장 크기도 하고, 특히 런던 시민들에게 사랑받는 하이드 파크의 넓이는 무려 42만 평이다. 동서로 길이만 1.5킬로미터에 달한다. 옆에 있는 켄싱턴 파크도 땅값 비싼 런던 한 가운데 75만 평이 모든 사람이 누릴 수 있는 공원으로 돼 있다는 것이다. 왕실이 소유하고 있기 때문에 가능하다. 왕실이 공원을 팔아 개인 소유로 넘어가면 막대한 돈을 벌 궁리에 단번에 개발돼 공원은 없어지고 주택이나 빌딩 숲으로 바뀔 가능성이 크다. 왕실이 공원을 보존하고, 국민들의 휴식처로 제공하고 있는 것은 나름의 방식으로 국민들에게 환원하고 있는 셈이다. 그 중에서도 버킹엄 궁전과 맞닿아 있는 그린 파크와 세인트 제임스 파크, 하이드 파크, 리젠트 파크 등 4곳이 특히 유명하다.

역사가 400년이나 된 하이드 파크는 빅토리아여왕 시절 런던 사교의 중심이었다. 남쪽에는 켄싱턴, 서쪽은 세인트 제임스와 웨스트민스터에 접하고, 런던 중에서도 특히 부유한 사람들의 저택이 밀집된 곳이다. 원래 웨스트민스터 사원 소유지였지만 1563년 헨리 8세 때 왕실 소유가 돼 동쪽 절반이 헨리 8세의 사슴 사냥터로 이용됐다고 한다. 이후 찰스 1세가 일반에게 공개하기 시작했다. 동쪽으로 더 가면 버킹엄으로 가는 마블아치가 있다. 북쪽에는 피터팬 동상이, 서남쪽에는 다이애나 전 왕세자비 기념비가 있다. 하이드 파크 서쪽으로 나가면 켄싱턴 궁전에 부속된 켄싱턴 가든이 나온다. 로튼 거리라고 불리는 승마전용 보도가 있어 사교 시즌의 이른 아침에는 가장 멋지게 장식한 말을 타고 산책하는 상류층 사람들로 붐빈 곳이다. 하이드 파크는 또한 리젠트 파크, 그린 파크, 세인트 제임스 파크 등을 이어주는 허브 역할도 한다.

그린 파크는 왕실 행렬 거리인 '더 몰' 대로를 사이에 두고 런던에서 가장 오래된 공원인 세인트 제임스 파크와 인접해있다. 세인트 제임스 파크 역시 왕실의 정원이었다가 17세기부터 일반인들에게 공개됐다.

리젠트 파크는 19세기 초 빅토리아 여왕이 즉위하기 전 수년간의 섭정시대 동안 선대인 조지 4세가 특히 공들여 개발한 곳이다. 런던에서 가장 유명한 장미 정원인 '메리 여왕의 가든'이 사람들을 끌어 모은다. 다른 정원들에 비해 프랑스풍의 인공적 아름다운 느낌이 강하게 든다. 주변에 우아한 빅토리아풍의 건물이 여기저기 있다. 전에는 메릴본 파크라고 불렀지만 조지 4세가 섭정 왕세자 시대에 크게 개조를 단행했고, 그러면서 이름이 바뀌었다고 한다.

하이드 파크

하이드 파크
Hyde Park
London W2 2UH
Marble Arch /
Hide Park Corner
0300 061 2000
http://www.
royalparks.org.
uk/parks/hyde-
park

리젠트 파크
London NW1
4NR
Regent's Park
0300 061 2300
http://www.
royalparks.org.
uk/parks/the-
regents-park
2, 13, 18, 27, 30,
74, 82, 113, 139,
159, 189, 274,
C2

세인트 제임스 파크
London SW1A
2BJ
St James's Park
0300 061 2350
http://www.
royalparks.org.uk/
parks/st-jamess-park

그린 파크
London SW1A
2BJ
Green Park
0300 061 2350
http://www.
royalparks.org.uk/
parks/green-park

런던 한 복판의 어시장, '빌링스 게이트'

영국을 여행하는 관광객들이 먹는 생선이라고 해봐야 피쉬앤 칩스에 들어가는 대구 정도일 것이다. 그러다 보니 영국이 풍부한 해산물에 둘러싸인 섬나라라는 것도 잊어버리기 쉽다. 영국 최대 어시장인 빌링스 게이트는 유럽 지역의 각종 해산물이 모이는 곳이다. 섬나라 영국의 면모를 엿볼 수 있는 곳인 것이다. 과거 템스강을 거슬러 올라간 배가 여기에 생선을 쏟아 부으면 중개인과 행상인, 그리고 일반 사람들이 활기차게 생선을 사고팔았다고 한다. 현재는 올드 빌링스 게이트 마켓이라는 깔끔한 수산시장으로 변신했다. 재미있게도 런던 금융 중심지 카나리 와프 지역에 어시장이 있다. DLR노선 블랙월 역에서 내려 조금만 걷다보면 입구가 나온다. 일요일과 월요일은 휴무고 화~토요일은 오전 5시~오전 8시30분까지 문을 연다.

빅토리아 앨버트(V&A) 박물관

왕궁, 관공서, 공원, 역 등 외부로 드러난 빅토리아 시대 문화를 만끽했으면 이제 그 시절의 건물 내부는 어떻게 꾸몄으며, 사람들은 어떤 옷을 입고 어떤 장식을 했는지 궁금해질 차례다. 이러한 궁금증은 빅토리아&앨버트 박물관을 방문하면 해소된다. 빅토리아 시대의 화려한 문화에 대해 아주 친절히 설명해주는 곳이다. 빅토리아 여왕과 부군이었던 앨버트공의 공적을 기리기 위해 만든 곳으로, 개관한지 150년이 넘었고 500만여 점의 전시물이 있다. 빅토리아여왕 부부가 모으던 장식 미술과 더불어 모던 장식물까지 장식물의 역사를 한 곳에서 볼 수 있다. 런던을 대표하는 대영박물관이나 내셔널 갤러리 등에 비해 덜 알려진 감이 있는데, 막상 찾아가면 엄청난 규모와 화려한 내부에 입이 쩍 벌어진다.

박물관 규모가 어느 정도냐면 관람 코스 길이만 13킬로미터가 넘을 만큼 크다. '장식', '공예' 분야 전문 박물관이라는 타이틀에 맞게 가구, 조각상, 도자기, 금은 식기 등 집

빅토리아 앨버트 박물관 내부

안 인테리어 장식, 옷 장식, 머리 장식, 몸에 걸치는 기타 장신구 등 빅토리아 시대의 장식에 들어갈 만한 모든 것들이 다 있다. 벽이 금으로 장식된 왕족이 살던 방, 귀족들의 식사 모습까지 재현해 놓고 귀족들이나 왕족들이 지나다녔다는 길의 장식들도 재현했다.

특히 패션관은 옷을 좋아하는 여성들이라면 마음을 빼앗길 수밖에 없을 것이다. 빅토리아 시대 귀족들이 입던 우아한 외출복과 드레스부터 크리스찬 디오르, 랑방 등 이름만 들어도 알만한 유명한 패션디자이너들의 초기 디자인부터 지금에 이르기까지 대표적인 의상 작품들이 전시돼 있다. 패션잡지에서 보던 것들을 실물로 본다는 것은 역시 감동이다. 만져보고 옷감의 재질을 느낄 수 있었으면 더 좋았을 테지만 말이다. 역시 유행은 돌고 도는 것이라고 했던가, 아니면 클래식은 영원하기 때문인가. 나온 지 수십 년이 지난 옷들이 지금 입어도 상관없을 정도로 세련돼 보인다. 패션관 1층은 무료고, 2층 드레스 전시관은 입장료를 지불하고 들어가야 한다.

빅토리아&앨버트 박물관의 하이라이트는 주얼리관이다. 들어서자마자 사방에서 빛이 반짝반짝 거린다. 생각보다 규모는 작은데 왠지 여왕이 파티와 드레스에 맞게 하나씩 착용했을 법한 왕가의 목걸이, 귀걸이, 팔찌, 브로치 등이 가득하다. 가격으로만 치면 이곳 박물관에서 가장 비싼 곳이 아닐까하는 생각도 든다. 스테인드 글라스, 조각상, 식기, 미술품, 의복, 등 박물관에 있는 것들을 보면 과거 사람들이 어떻게 이런 것들이 미래에 가치가 있을 것이라 알고 철저하게 보관해왔는지 선견지명에 감탄하게 된다.

이 박물관은 정원도 정말 멋지다. 봄, 여름이면 파란 수국이 활짝 펴 박물관의 빨간 벽돌 건물과 정말 잘 어울린다. 정원 앞의 분수대는 여름철에 물을 살짝 채우고 아이들이 물속에서 첨벙첨벙 뛰어노는 장소로 변신한다. 박물관은 무조건 조용해야 한다는 선입견을 깨고 박물관은 어려운 곳이 아니라 즐거운 곳이라는 것을 아이들에게

빅토리아 앨버트 박물관 전시실

빅토리아 앨버트 박물관 내부

빅토리아 앨버트 박물관 내부

알려주는 것 같다. 빅토리아&앨버트 박물관 입장료는 무료이며 사우스 켄싱턴 역에서 내리면 박물관과 연결돼 있는 길을 따라 5~10분 정도 걸으면 나온다.

앨버트공과 빅토리아 여왕의 사랑

영국 왕실의 사랑 이야기 가운데 가장 아름다운 러브스토리를 꼽으라면 이들의 사랑일 것이다.

빅토리아 여왕은 21살이던 1840년 동갑내기 사촌 앨버트공과 결혼한다. 독일 출신인 앨버트공에게 여왕은 처음에는 크게 애정을 느끼지 않았다. 그런데 박학다식하고 다정다감한 앨버트공은 인내심을 가지고 여왕에게 조언과 조력을 아끼지 않았고, 그런 앨버트공에게 여왕은 서서히 마음을 열기 시작한다. 여왕의 남편이라는 자리는 어떠한 권력도 가지지 못하고 공식석상에서 항상 여왕보다 몇 걸음 뒤에서 걸어야 하는, 자존심이 상할 수 있는 자리임에도 불구하고 앨버트공은 충실하게 왕실 안살림을 도맡아 하는 등 공사와 가정생활에서 여왕을 살뜰하게 보필했다고 한다.

또한 교육에 관심이 많아 교육개혁에 애썼으며, 국민들의 문화 수준을 높이고자 현재 로열 앨버트홀이라고 불리는 공연장 건설에도 사제를 털어서까지 심혈을 기울였다. 노예제도 폐지에 기여하고 시대의 조류에 맞게 여왕이 정치 관련한 권력을 의회에 넘기도록 설득해 '군림하되 통치하지 않는다.'는 입헌군주제 발전에 큰 기여를 했다. 앨버트공은 외국인이라 처음에는 영국인들도 크게 반기지 않았다고 한다. 하지만 그의 청교도적이고 성실한 삶은 여왕뿐만 아니라 왕실에도 긍정적인 영향을 끼쳤다. 이기적인 면이 있던 빅토리아 여왕이 영국이 가장 사랑하는 왕 중 한명으로 꼽히는 것도 앨버트공의 역할이 컸고, 영국 왕실에 청빈한 이미지가 만들어진 것도 앨버트공 덕분이었다.

둘 사이 자녀가 9명이 될 정도로 애틋했다고 한다. 아들, 딸들은 모두 유럽 각국의 왕족이나 귀족들과 결혼해 결국 유럽 전 왕실이 빅토리아 여왕의 후손이라고 해도

과언이 아니다. 그래서 빅토리아 여왕은 '유럽의 할머니'라고 불리기도 한다.

1861년 공이 42세의 나이로 죽자 그녀는 비탄에 잠긴다. 버킹엄 궁전에 틀어박힌 채 모든 국무에서 손을 뗀다. 신하들의 권유로 국무에는 복귀하지만 이후 사망할 때까지 40여 년 동안 검은 상복을 벗지 않았다고 한다. 앨버트공이 살아생전 관심을 쏟았던 공연장 건설을 자신이 마무리하고 앨버트공을 기려 '로열 앨버트홀'이라 이름 붙였다. 또한 로열 앨버트홀 맞은편 하이드 파크에 웅장하고 고급스러우면서 아름다운 추모비를 세워 앨버트공이 그렇게 심혈을 쏟았던 공연장을 영원히 지켜볼 수 있도록 했다. 이 추모비는 높이가 54미터에 달할 정도로 웅장하면서도 섬세하고 정교한 장식이 돋보이는 아름다운 작품이다. 추모비 가운데 4미터 길이의 황금으로 된 앨버트공 동상이 앉아 있고, 동상을 둘러싸고 있는 4개의 기단 위 첨탑 각 면에는 빅토리아 여왕의 그림이 그려져 있어 앨버트공과 영원히 함께 하고픈 여왕의 마음을 드러내고 있다. 이 추모비만 봐도 빅토리아 여왕이 앨버트공을 얼마나 그리워했는지 알 수 있다.

빅토리아 여왕과 앨버트공의 만남과 결혼 초기 이야기는 영화 'Young Victoria(2009)'에서도 볼 수 있다. 빅토리아 여왕이 여왕이 되기까지의 과정, 당시의 영국 정치 상황, 왕실 문화 등을 감상할 수 있다.

로열 앨버트홀과 추모비, 빅토리아&앨버트 박물관 등 켄싱턴 지역에는 유난히 이들 부부와 관련된 것들이 많다.

앨버트공 추모비

06

시인 존 키츠의
햄스테드 힐스

새로운 언어를 배우게 되면 새로운 세상이 열리게 된다고 했던가. 내가 영어 공부에 흥미를 붙인 것도 같은 이유에서였다. 물론 알파벳이라는 게 한글과는 언어 체계가 달라서 어느 궤도에 이르기까지 노력과 인내심이 필요하긴 하지만, 일단 원문을 독해할 수 있고 이해하기 시작하는 단계에 이르면 한글 번역이 해소하지 못했던 사소한 차이들, 행간의 오묘한 의미 등을 나만의 방식으로 해석할 수 있게 되면서 예기치 못한 기쁨을 누리게 된다. 작가의 감정을 번역이라는 한 번의 필터링을 거쳐서가 아니라 날것 그대로 접할 수 있게 되면서 작가와 작품에 더욱 가까워지는 것은 물론이다.

처음에는 쉬운 원문 소설로 시작한다. 동화도 괜찮고 해리포터 같은 스토리가 복잡하지 않고 흥미가 있어 끝까지 읽고 싶어지게 만드는 책을 고르는 게 원작을 완주하기 쉽다. 이런 과정을 거쳐 처음으로 도전했던 제대로 된 영어 소설은 샬롯 브론테의 '제인에어'였다. 네덜란드 교환학생 시절이었는데, 학교 도서관에 흥미를 끄는 한글 책이 없어, 평소에 좋아하던 소설을 영문판으로 읽어보자고 결심했다. 술술 넘어가는 부분이 있고, 어려운 단어들이 많은 어려운 문장들도 많았다. 영문판을 100% 이해했다고 하면 거짓말이겠지만 그렇게 노력을 해서 책을 조금씩 읽어가고, 그 과정에서 전혀 짐작하지 못한 문장에서 감동을 얻고, 읽은 부분이 남은 부분 보다 점점

두꺼워지는 것을 보며 얻는 즐거움도 사소하지만 가치 있었다.

소설 영문판을 읽는 것이 그다지 어려워지지 않게 되면서 이번에는 시에 도전해 보기로 했다. 단어도 적고 문장도 짧아 한글로 적혀 있든 영어로 적혀있든 어릴 적에는 시가 소설보다 훨씬 이해하기 쉬울 줄 알았다. 그런데 소설보다 시가 적어도 10배는 어려운 것 같다. 소설은 작가의 설명이 상대적으로 친절하다. 시대적 배경이나 인물의 성격, 사건의 흐름 등. 그렇기 때문에 책만 잘 쫓아가면 작가가 말하고자 하는 것들을 대체로 알아들을 수 있다. 그런데 시는 너무나 함축적이다. 짧은 문장, 몇 개에 불과한 단어 속에 작가가 말하고자 하는 것들, 이를테면 시대적 상황, 단어의 의미, 작가의 생각 등이 압축돼 있다. 몇 번을 되풀이해 읽지 않으면 그 의미를 이해할 수 없다. 그래서 시를 이해하기 위해서는 작가가 활동한 시대 상황, 작가의 심적 상황 등에 대해 예습이 필요하다고, 그래서 시는 다가가기 어렵다고 생각했던 것 같다. 그런데 그 과정을 거치다 보면 어느 순간 한 줄만 읽어도 가슴이 찡해 오는 그런 순간이 온다. 그런 감동적인 순간을 맞이하기 위해서라면 예습을 위한 얼마간의 노력이 충분히 가치 있다고 생각하게 된다.

요절한 키츠, 영원한 그의 시

윌리엄 셰익스피어, 제인 오스틴, 코넌 도일, 이안 플레밍 등 영국 소설가 등도 쟁쟁하지만 윌리엄 워즈워드, 윌리엄 블레이크, 조지 고든 로드 바이런 등 영국 시인들도 못지않게 멋진 작품들을 많이 남겼다. 이들 중 특히 007 스카이 폴에 인용됐던 알프레드 테니슨의 시와 존 키츠(1795~1921)의 시를 좋아한다. 키츠는 19세기를 대표하는 낭만파 시인으로 25세에 요절했다. 런던에서 마차 대여업자의 아들로 태어나 어린 시절 부모를 여의었고, 의사시험에 합격할 정도로 머리가 비상했지만 시에 대한 열망을 버리지 못해 시인으로 전향한다. 1817년 첫 시집을 출판하고 이듬해 시집 '엔디미온'을 발표한다. 1819년 친구의 집에 머물다 옆집의 처녀 패니 브론과 사랑에 빠져 약혼하고 사랑의 격정과 기쁨, 유약해지는 자신의 몸에 대한 좌절감과 괴로움 등 온갖 감정을 경험하면서 시도 굉장히 성숙해진다. 중세풍의 '성 아그네스의 전야', '성 마르코 전야', 민요풍의 '무정한 미인' 등의 역작도 이 시기에 나온다. 주옥 같은 송시들도 연이어 발표된다. '그리스 유골 항아리에 부치는 노래', '나이팅게일에게', '가을에게' 등은 영국 시의 수준을 한 차례 끌어올린 것으로 평가받는다.

결핵이 짙어지자 친구들의 권유로 패니와 생이별하고 요양 차 따듯한 이탈리아 로마로 가는데, 이것이 패니와의 마지막이다. 이탈리아로 간지 4개월 만에 생을 마감하게 된다. 키츠의 시들은 생전에는 크게 평가받지 못하다가 사후에 재평가를 받으면서 명성을 얻었다. 25년이라는 짧은 생애 밖에 경험하지 못한 청년이 소재를 바라보는 감각과 뛰어난 표현력의 깊이가 남다르고 시의 완성도가 뛰어나다는 것이다.

그의 시 가운데 사랑하는 연인을 두고 죽음이 가까워 온 것을 온 몸으로 느끼며 절절한 상실감을 표현한 이 시가 특히 가슴을 울린다.

'내가 두려움을 느낄 때' – 존 키츠

내가 죽을지도 모른다는 두려움이 다가올 때

나의 펜의 넘쳐나는 생각을 다 수확하기도 전에

넉넉한 곳간을 알파벳순으로 잘 여문 활자들로 채우기 전에

별이 총총한 밤의 얼굴에서

거대한 구름이 그려내는 상징들을 바라보면서

그것을 마술사의 손처럼 추적해보기도 전에

죽을지도 모른다는 생각이 들 때

한 시절 짧게 만났던 그대를

다시는 바라볼 수 없다고 느껴질 때

분별없는 사랑의 마술도 이제 끝이라고 생각될 때

나는 광막한 세상의 해변에서 생각에 잠긴다.

사랑과 명성이 모두 허무해질 때까지

'When I have Fears That I May Cease to B'e / BY JOHN KEATS

When I have fears that I may cease to be

Before my pen has gleaned my teeming brain,

Before high-pilèd books, in charactery,

Hold like rich garners the full ripened grain;

When I behold, upon the night's starred face,

Huge cloudy symbols of a high romance,

And think that I may never live to trace

Their shadows with the magic hand of chance;

And when I feel, fair creature of an hour,
That I shall never look upon thee more,
Never have relish in the faery power
Of unreflecting love—then on the shore
Of the wide world I stand alone, and think
Till love and fame to nothingness do sink

브라이트 스타, 키츠의 집을 찾아서

특히 그가 폐결핵에 걸려 죽기 전 4년에 걸쳐 그가 사랑하는 연인 패니에게 보낸 러브레터는 그 시절의 키츠의 감정들, 열망, 질투, 사랑, 오해, 좌절, 안타까움 등을 고스란히 담아냈다. 사랑을 해본 사람이라면 누구나 절절히 공감할 수 있는 감정들이다. 시가 쓰인지 200년이 지난 오늘날에도 연인들의 가슴을 뛰게 만들기에 충분하다. 이러한 키츠의 사랑 얘기가 영화 '브라이트 스타'에 담겼다. 영화 '피아노'를 연출한 여성 감독 제인 캠피온이 각본을 쓰고 연출했는데, 특유의 감성으로 잔잔하지만 섬세하고 가슴 사무치게 그들의 사랑을 표현해냈다.

이 영화의 무대는 키츠가 살았던 런던 외곽의 햄스테드 빌리지다. 영화 속에서 지명은 햄스테드로 나오지만 사실 영화는 베드포셔어에서 찍었다고 한다. 어쨌든 현실에서 키츠의 발자취를 찾으려면 햄스테드 빌리지로 가야 한다. 런던 북부에 위치한 햄스테드는 평평한 런던 시내에는 볼 수 없는 야트막한 언덕과 언덕을 둘러싸고 거친 잡초와 야생화들이 자연 그대로 자라나 있는 들판(heath)이 있어 주로 '햄스테드 히스'라고도 불리는데, 옛날부터 귀족들이 많이 살던 유서 깊은 부촌이다. 도심과 살짝 떨어져 있어 조용하고 안락한 느낌이 든다. 주로 언덕의 북쪽과 동쪽으로는 한 눈에 봐도 비싸 보이는 대저택들이 모여 있고 지하철이 지나가는 서쪽에는 아기자기한 예

쁜 주택들이 늘어서 있다. 특히 언덕을 따라 걸어가며 볼거리가 많다. 빨강, 노랑, 파랑색의 독특한 외관의 주택들이 옹기종기 모여 있는데 집 구경 만으로도 꽤나 재밌다. 아담한 교회도 있고 예쁜 가게들도 있다. 런던 중심가의 카페나 가게들과 크게 차이는 없어 보이는데 번잡스럽지 않고 여유가 있어 보인다고나 할까? 런던의 복잡한 관광지에서 벗어나고 싶은 여행자들에게는 또 다른 즐거움을 주는 곳이다.

햄스테드 히스

상점들이 쭉 늘어선 쇼핑가를 지나 얼마동안 올라가면 리젠트 양식의 키츠 하우스가 나온다. 햄스테드의 자연을 사랑했던 키츠는 1818년부터 2년 동안 이 저택의 방 하나를 빌려 그곳에 머물면서 시를 쓴다. 그의 가장 유명한 시 가운데 '나이팅게일에게 부치는 송가'도 여기서 썼다. 내부로 들어가면 키츠의 생애와 작품을 연대순으로 설명한 연대표를 볼 수 있고, 왠지 병약했던 그의 기운이 느껴지는 것만 같은 그의 방도 나온다. 그리고 그가 친필로 쓴 나이팅게일에게 부치는 송가를 볼 수 있다. 밖으로 나오면 정원에는 이 송가를 쓰도록 영감을 준 자두나무가 있다. 키츠의 천재적인 영감과 재능이 나에게도 전해지기를 기도해 보면서 나무를 바라본다.

이제 언덕으로 올라가볼까? 햄스테드 히스에는 팔리먼트 힐이라고 불리는 야트막한 언덕이 있는데, 그래도 런던에서는 가장 높은 지대다. 이곳에 올라가면 런던 시내를 내려다 볼 수 있다.

키츠 하우스

하이드 파크, 리젠트 파크 등 도심 한 가운데서 푸른 경치를 만끽할 수 있도록 조성해놓은 공원도 매력 있다. 그런데 나무가 자라면 자라는 대로, 꽃이 듬성듬성 나면 나있는 대로 인공이 배제된 순수한 자연의 모습을 간직한 이곳도 좋다. 귓가에 살랑대는 바람을 맞으며 언덕을 오를 때 약간은 상기된 그 기분을 잊을 수가 없다. 오랫동안 그 순간이 계속됐으면 좋겠다는 생각이 들게 하는 곳이었다. 햄스테드의 골목을 구경하고 언덕을 따라 걷고 키츠의 집에 가서 영감을 얻고 오노라면 반나절이 훌쩍 간다.

여기서 잠깐

로마에서 사망한 키츠는 로마 테스타치오 묘지에 묻힌다. 자신의 유언대로 묘비명에는 이름도 없이 '여기, 이름을 물 위에 새긴 사람이 잠들다.'(Here lies one whose name was written in water.)가 적혀있다.

07
닥터와 함께하는
시간여행 - 닥터 후

'닥터 후'는 BBC에서 제작, 방영되는 영국 드라마 시리즈다. 닥터라 불리는 신비한 외계인이 그의 동행자인 인간 소녀와 함께 옛 영국의 경찰 전화박스를 본 딴 타임머신, '타디스'를 타고 여행하면서 겪는 일들을 그리고 있다.

1963년 11월 23일 첫 방송된 닥터 후는 중간 중간 휴방기를 거쳐 2016년 현재까지 방영 중이다. 기네스북에 등재된, 세계에서 가장 오랫동안 방영되고 있는 SF드라마 시리즈이자 시청률과 DVD 판매량, 책 판매량, 아이튠즈 접속 트래픽 등에서 역대로 가장 성공한 SF드라마이기도 하다.

BBC라디오 워크숍에서 만든 닥터 후 오프닝 기계음과 타임머신 타디스는 닥터 후와 영국의 컬트 텔레비전 시대를 상징하는 대표적 아이콘이 됐고, 닥터 후 시리즈에서 가장 악랄한 악당으로 등장했던 딜렉은 특히 인기가 높아 후에 옥스퍼드 영어사전에 등재되기도 했다.

2013년 11월 23일 닥터 후 시리즈는 방영 50주년을 맞았다. 이날 50주년을 기념한 에피소드 'The Day of the Doctor'가 동시에 전 세계 방영되기도 했다. 현재는 12대 닥터 역에 피터 카팔디, 동행자 역에 제나 콜먼이 나온다. SF드라마가 50년 동안 장수하고 있다니 놀랍다. 무엇보다 한국은 한국 전쟁 후 가난에 시달리고 나라 재건을 위해 온 힘을 쏟고 있던 1960년대에 영국에서는 어린이용 SF영화까지 나와 어린이들이 과학을 접하며 상상력을 키우면서 자라나는 문화적 환경 토대 건설에 기여했다니 부러웠다. 이런 문화적 토양 덕분에 세계적으로 히트한 해리포터 같은 판타지소설, 30명이 넘는 이공계 노벨상 수상자 배출 등이 가능했던 것인지도 모르겠다.

닥터의 오토바이 질주 – 더 샤드

'닥터 후'는 주로 카디프에 위치한 스튜디오에서 촬영돼 드라마에서 내가 밟았던 런던의 모습이 잠시라도 나올 때면 그렇게 반가울 수가 없다. 특히 드라마가 수십 년에 걸쳐 만들어진 탓에 런던 장면에서는 영국의 문화 변천사는 물론 수십 년간의 런던 시내의 변화상, 런던의 스카이라인 변화까지 엿볼 수 있다. 런던을 매력적인 도시로 보이도록, 런던의 주요 랜드마크들이 멋지게 보이도록, 그래서 드라마뿐만 아니라 런던 그 자체가 문화상품이 되도록 관광명소를 드라마 속에 적절히 노출시키는 영국의 상업성은 정말 대단한 것 같다.

스티븐 모펫이 쓴 시즌 7 파트 2의 첫 번째 에피소드 The Bells of Saint John에서 영국은 물론 유럽연합에서 가장 높은 건물로 런던의 새로운 랜드마크가 된 '더 샤드'가 등장한다. 주인공 닥터가 와이파이 속에 도사리고 있던 생명체를 쫓기 위해 오토바이를 타고 '더 샤드'를 올라가는 장면이 나온다. 물론 합성이다.

유럽을 여행하다보면 오랜 시간이 지나 다시 방문했을 때에도 별로 변한 것이 없다는 느낌을 받는다. 아마 유럽이 기본적으로 수백 년 된 오래된 건축물을 잘 관리해 아직까지 사용하고 있고, 유적지들도 잘 관리해 여전히 관광수입을 올리는데 일조하고 있기 때문이다. 그런데 2006년 런던을 방문했을 때와 2013년의 런던 방문은 스카이라인의 큰 변화를 느낄 수 있었다. 런던 타워 건너편에 송곳처럼 솟아있는 빌딩 '더 샤드' 때문이다.

더 샤드

이전까지는 영국에서 300미터에 달하는 거대한 빌딩이 없었다. 더 샤드는 309.6미터 높이의 72층으로 이뤄져 있다. 2009년 3월 착공해 2012년 3월 30일 완공했고, 2013년 2월 공식 개장했다. 튜브역 런던브릿지와 가까운 탓에 건설 중에는 런던브릿지 타워라는 애칭으로 불렸으며 '더 샤드'가 정식 명칭이 됐다.

하이테크 건축의 대가 렌조 피아노의 작품이다. 샤드는 '조각'이란 뜻을 지녔는데 1만 1,000장의 특수 유리가 빌딩을 감싸고 있다. 건물이 투명하다는 성질을 표현해내는 것인데, 이것은 렌조 피아노가 자신이 설계한 건축과 도시가 소통하는 방법 중 하나로도 알려져 있다. 특히 흐린 날이 많은 런던의 기후를 고려해 흐린 날에도 반짝반짝 빛나고 아름답게 보일 수 있도록 건축에 신경 썼다고 한다.

샤드는 런던 금융가 사우스뱅크에 위치해 있고, 관광명소가 모여 있는 런던 중심가와 사우스뱅크가 지리적으로 가깝고, 샤드가 런던에서 대적할만한 빌딩 없이 가장 높은 빌딩이기 때문에 뾰족한 빌딩 끄트머리만 보고 걷다보면 나온다. 반대로 가까이서 보면 목을 꺾어져라 뒤로 젖혀도 끝이 보이지 않는 건물이다. 그래서 멀리서 삐죽 솟은 샤드를 보고 찾아가는 것은 쉬운 반면 가까이서 비슷한 현대식 건물 입구들 사이에서 샤드를 찾는 게 오히려 더 어려울 수도 있다.

더 샤드는 상업 건물로 활용되고 있는데, 30~50층에는 샹그릴라 호텔이 들어서 있고 50~60층은 아파트로 이용되고 있다. 레스토랑, 바 등도 들어서 있다. 전망대에서 런던 시내를 내다볼 수 있는 입장료는 2016년 기준 30.95파운드다. 인터넷으로 미리 예약하면 5파운드 정도 저렴하게 구매할 수 있다. 해질 무렵 전망대를 예약하면 런던의 선셋과 야경을 모두 감상할 수 있다. 여름에는 해가 길어 저녁 9시 30분에야 해가 지기도 한다. 야경도 좋지만 낮에 보는 시원하고 밝은 런던의 모습도 못지않게 좋다. 전망대에 올라가기 위해서는 정문 앞 왼편 에스컬레이터를 타고 내려가면 더 샤드 전망대 입장하는 곳이 나온다. 티켓을 확인하고 각종 테러 때문에 더욱 철저해

멀리서도 잘 보이는 더 샤드

진 소지품 검사와 몸 검사를 끝내고 전망대 입구로 향하는 엘리베이터를 탈 수 있다.

전망대에 들어서면 기념사진을 블루스크린에서 찍어 주는데, 구매를 하면 런던 야경 사진으로 배경을 합성해서 준다. 영국인들이 문화상품을 개발해 돈을 버는 상술이 정말 뛰어나다는 것을 한번 더 깨닫는다. 전망대 올라가는 엘레베이터를 타면 전광판이 나오는데 샤드가 얼마나 높은지를 확인할 수 있도록 런던의 주요 건물들과 비교해 놓고, 빌딩 아래를 운행하는 지하철의 현재 위치를 정확히 실시간으로 알려준다. 전망대까지 여러 번 갈아타기 위해 내린다. 옮겨 타는 길이 조금 헷갈리는데 골목마다 안내원들이 있어 안내를 따라가기만 하면 된다. 이제 꼭대기 층으로 향하는 엘리베이터를 탄다. 초당 6미터를 올라가는 아주 빠른 속도로 68층까지 올라간다. 전망대인 69층은 계단으로 올라가야 한다. '더 뷰'라고 불리는 내부를 유리로 다 막아놓은 전망대다. 샤드에서 보면 런던아이, 거킨 빌딩, 세인트폴 성당, 타워브릿지 등 런던이 내 발 아래에 있다. 다들 스마트폰이나 카메라를 꺼내 런던의 모습을 담기 바쁘다. 벽에는 충전기가 있어 사진기나 핸드폰의 배터리가 나가면 충전도 할 수 있다. 이런 센스 역시 관광대국의 노련함이 아닐까 싶다.

전망대에는 특수망원경도 무료로 이용할 수 있다. 맑은 날에는 런던 전경을 64킬로미터 밖까지 조망할 수 있지만, 흐린 날에는 가시거리가 짧은 점을 고려해 날씨와 관계없이 간단한 조작만으로 모니터를 통해 선명한 이미지를 볼 수 있도록 했다. 유난히 흐린 날이 많은 런던의 특성을 고려해 설치한 특수망원경이라고 한다.

전망대를 관람하려는 관광객들이 많아 시간대별로 인원제한을 해 너무 붐비지 않도록 관리한다고 한다. 여기서부터는 계단으로 꼭대기 층인 72층까지 올라간다. 72층은 위가 뚫려있어 직접 런던 바람을 느끼면서 경치를 감상할 수 있다. 바람이 많이 불어도 비만 안 오면 런던의 상층부 공기를 쐬고 사진을 찍겠다는 열정으로 가득한 사람들도 붐비는 곳이다.

전망대에는 런던 명소들을 동서남북 방향으로 표시해 놓은 표지판들이 있어 내가 가본 곳을 되새겨보고 앞으로 갈 곳들을 점검해보는 기회가 되기도 한다.

왕의 문, 애드미럴티 아치

The Bells of Saint John에서 와이파이 속에 숨은 악당을 잡기 위해 고군분투하던 닥터와 클라라가 오토바이를 타고 지나가는 곳이다.

애드미럴티 아치는 1911년 에드워드 7세가 어머니인 빅토리아 여왕을 기리기 위해 건설하도록 한 아치다. 아치 윗면에는 라틴어로 문구가 새겨져 있다. '1910년 에드워드 7세 재위 10년, 시민들의 감사의 뜻을 담아 빅토리아 여왕께'. 예전에 해군성 본부로 이용돼 애드미럴티 아치라고 부른다고 한다. 지금은 정부의 사무실로 사용되고 있다.

아치를 통과해 버킹엄 궁전까지 이르는 길이 왕실 행렬을 위해 만들어 놓은 아름다

애드미럴티 아치

운 길 '더 몰'이다. 3개의 아치에 각각 출입구가 있는데, 가운데 아치의 출입구는 국왕만이 드나들 수 있는 문이라 평소에 닫혀 있고 특별한 왕실 행사가 있을 때 개방한다. 2002년 엘리자베스 2세 즉위 50주년 행진이 여기서 있었고, 2011년 윌리엄 왕세손과 케이트 미들턴의 결혼식 때도 그들은 마차를 타고 이곳을 지나 행진했다. 일반인들은 평소에 개방한 양쪽 문을 통해 걸어 다닐 수 있다.

아치에는 재미있는 이야기도 숨겨져 있는데, 3개의 큰 아치 중 한 아치의 벽에 코 모양의 조각이 있다. 영국에서 큰 코를 가진 사람으로 유명한 듀크 오브 웰링턴에게 경의를 표하기 위함이라고 한다.

문을 통과해 들어가면 안쪽 길이 붉은색을 띄는 것이 보인다. 주요 국가 예식에 사용되는 길인만큼 붉은색 카펫을 깔아놓은 것처럼 보이도록 하기 위해 도로를 산화철 안료로 붉게 물들여 놓았다고 한다. 왕이 지나다니는 길이라 그런지 정비도 잘 해놓았다. 싱그러운 봄날 쭉 뻗은 가로수 사이로 걸어가는 느낌이 정말 상쾌하다.

이 길의 끝에 있는 버킹엄 궁전까지 가기 위해서는 꽤 걸어야 한다. 저 앞에 빅토리아여왕 기념비가 우뚝 솟은 것이 점점 더 선명하게 시야에 들어오면 이제 목적지에 다다른 것이다. 빅토리아 기념비 뒤편이 버킹엄 궁전이다. 가는 도중에 칼튼 하우스, 말보로 하우스, 세인트 제임스 궁전, 랭카스터 하우스 등 버킹엄 궁전에 다다르는 길목 여기저기에 산재해 있는 저택들을 둘러보며 왕족과 귀족들의 삶을 상상해 본다.

1530년대 건설된 세인트 제임스 궁전은 왕족들이 거주했던 곳이다. 엘리자베스 1세의 이복언니였던 메리 여왕은 이곳에서 생을

더 몰

마감했고, 찰스 1세는 처형을 당하기 전까지 이곳에서 머물렀다. 현재는 전 세계에서 오래되고 가치 있는 우표 수집 공간으로 역할을 하고 있는데, 이 모든 우표 자산은 모두 여왕의 소유다. 런던의 대부분 궁전들이 1809년 대화재로 인해 손상을 많이 입었는데 붉은 벽돌의 세인트 제임스 궁전은 대화재에도 끄떡없이 살아남아 예전 모습을 유지하고 있다. 근처에는 궁전 소유였다가 17세기 찰스 1세가 대중에게 공개한 이후 일반인들도 자유롭게 드나들 수 있는 세인트 제임스 공원이 있다. 런던에는 이렇게 명소들을 둘러보다 다리가 아플 때쯤 앉아서 숨을 돌리며 쉬어가기 좋은 공원들이 등장한다.

세인트 제임스 파크

런던 시내 다른 공원들과 마찬가지로 푸른 잔디 위에 간이 의자들이 놓여있는데, 이 의자들도 물론 앉으려면 요금을 지불해야 한다. 1시간에 1.60파운드, 이후 1시간 늘어날 때 마다 1파운드를 추가해야 한다. 24시간 사용은 8파운드다. 런던의 공원은 아무데나 털썩 앉아도 될 정도로 관리를 잘 해놨기 때문에 굳이 잔디밭 위에 앉기 싫다면 길 가다 얻은 메트로 신문이나 두툼한 종이를 깔아도 좋다. 피크닉을 계획하고 온다면 미리 돗자리를 준비하면 될 듯하다. 런던은 공원 벤치나 잔디밭에 털썩 앉아 혼자 샌드위치나 도시락을 먹어도 전혀 어색하지 않은 분위기다. 대부분의 사람이 그렇게 하고 있기 때문이다. 점심시간 짝지어 온 사람들도 있지만 대부분은 혼자다.

얼마간의 달콤한 자유가 주어지는 점심시간에 상쾌한 공기와 혼자만의 시간을 즐기고자 하는 사람들로 공원은 가득 찬다. 그들의 손엔 주로 대형 슈퍼마켓 중 샌드위치가 맛있다고 소문난 막스앤스펜서 비닐백이 들려있다. 나도 공원에 자리를 잡고 앉아 비닐백에서 샌드위치와 음료수를 꺼내 공원을 바라보며 먹는다.

세인트 제임스 공원에서 한숨을 돌리고 대로를 따라 조금 더 올라가니 큰 건물 양쪽에 기마병이 말을 탄 채 꼼짝도 않고 서 있다. 이곳은 1751년에 옛 화이트홀 궁전의 근위기병대 자리에 세워진 호스 가즈 건물이다. 원래 영국 육군 참모본부 및 총사령관 사무실로 사용됐지만, 1904년 그 지위가 폐지된 이후 현재는 근위기병대와 런던 지역사령부의 본부로 사용되고 있다. 호스 가즈는 세인트 제임스 공원을 거쳐 세인트 제임스 궁전으로 들어가는 출입구 역할을 하기도 했었다. 호스 가즈를 통해 안으로 들어가면 넓은 공간이 나온다. 이 공간에서 호스 가즈 퍼레이드 등 매년 여왕의 공식적인 생일을 기념하는 행사가 열린다고 한다.

호스 가즈

16세기로 날아간 닥터, 셰익스피어 글로브

데이빗 테넌트가 닥터로 나오는 2007년 방송된 시리즈 3의 에피소드 2 '셰익스피어 코드'에 나온다. 닥터는 당시 동행자였던 마사를 타임머신인 타디스에 태우고 1599년 엘리자베스 시대, 셰익스피어 시대의 영국으로 데리고 온다. 셰익스피어 극장에서 이들은 '사랑의 헛수고'를 쓰고 있는 셰익스피어를 만나게 된다. 악당 캐리오 나이츠는 셰익스피어의 연극 대사에 악성 코드를 심어 세상을 파멸시키려 하고 닥터와 마사, 셰익스피어는 이를 막기 위해 힘을 합친다.

셰익스피어 시대의 분위기를 그대로 살리기 위해 이곳을 빌렸다고 한다. 이 때문에 사우스웨일즈에 스튜디오에서 촬영하던 드라마 스태프가 모두 런던으로 날아왔다. 셰익스피어 시대부터 셰익스피어 작품만을 무대에 올리던 유서 깊은 극장이라 드라마 사상 처음으로 촬영을 허가받은 것이라고 한다. 실제 공연이 끝나고 촬영을 해야 했기 때문에 항상 밤늦게 촬영을 시작해 새벽 무렵에서야 촬영을 마쳤다고 한다.

셰익스피어 글로브 극장&전시관은 런던 템스강 남쪽에 위치해 있다. 런던 브릿지 역에서 하차해 걸어서 20분 정도 가면 된다. 아니면 세인트폴 성당에서 테이트 모던을 가기 위해 밀레니엄 브릿지를 건너다보면 오른쪽에 테이트 모던이, 왼쪽에는 셰익스피어 글로브 극장이 보인다. 그 옆의 현대식 건물에 정문과 매표소가 따로 있다.

영국이 가장 사랑하고 자랑스러워하는 작가 중 한명인 셰익스피어 작품의 전문 공연장이자 셰익스피어 연극에 관한 모든 것을 만날 수 있는 곳이다. 1599년 엘리자베스 여왕 시대에 개관한 극장으로 실제 셰익스피어가 극을 진행한 곳이다. 당시 가장 크고 인기 있는 극장이었다고 한다. 당시 셰익스피어 연극을 보기 위해 몰려드는 관객들을 3,000명까지 수용할 수 있을 정도로 규모가 컸다. 엘리자베스 시대에는 공연 제약이 많아 극장 폐쇄 조치를 자주 받았다. 여성이 무대에 오르는 것도 엄격히 제한

했었기 때문에 여성 역할을 미소년이 맡는 경우도 종종 있었다고 한다. 그러면서 남성 간 묘한 분위기가 감지되기도 하면서 이와 관련한 가십도 종종 생겨났다고 한다. 원형 극장으로 무대 앞 객석은 평민들을 더 많이 볼 수 있도록 하기 위해 의자가 없는 스탠딩 석으로 만들었고, 야외 공연장 분위기를 살리기 위해 천장이 뻥 뚫렸다. 과거 눈이나 비가와도 공연을 감행했었는데, 관객들은 눈비를 맞으면서도 연극을 즐겼다고 한다. 극장 주변에는 경기장, 도박장, 선술집 등이 조성됐다. 극장을 중심으로 시끌벅적한 번화가가 조성된 것이다.

그렇게 성공적으로 운영되던 공연장은 1613년 연극 '헨리 8세'를 공연하던 중에 불이 나서 건물 전체가 불에 탔다. 공연 소품인 대포를 터뜨렸는데, 그 불씨가 짚에 옮겨 붙으면서 목조건물인 극장이 순식간에 불길에 휩싸인 것이다. 화재로 소실된 건물은 재건됐지만 1642년 청교도들이 극장을 폐쇄했고 20세기에 들어서야 극장 자리에서 230미터 정도 떨어진 이곳에 신축하여 1997년에 공식 개관했다. 당시 평민들 대상으로 싼 가격에 팔았던 입석도 유지했다. 규모는 입석 포함 1,800명 정도만 수용할 수 있게 줄어들었다. 쾌적한 관람을 위해서이기도 하고 영국의 위생 안전 관리국의 기준이기도 하다. 전시관도 새로 생겼다. 셰익스피어 시절 연극에 사용됐던 의상들, 장신구들, 악기들, 대본들, 친필 원고 등이 있어 셰익스피어의 숨결을 느낄 수 있는 곳이다. 의상 한번 제작하는데 들인 시간과 공이 이만저만이 아니었다고 한다. 당시 사람들의 평균 연봉을 뛰어넘는 제작 비용이 들었다고 한다. 미리 신청하면 가이드 투어도 받을 수 있다. 1599년 초기 셰익스피어 글로브 씨어터와 그 주변 환경을 미니어처 형태로 만들어 놓았다.

전시관을 둘러보며 시간을 보내다가 공연 시간에 맞춰 공연장 안으로 들어간다. 옛날 공법을 그대로 적용해 천장이 뚫려있던 당시 원형 극장을 복원한 것이다. 셰익스피어가 살던 16세기로 돌아간 느낌이 들 정도로 공연장은 당시 느낌을 잘 담아냈다.

공연 바로 앞에 서서 보는 스탠딩 석은 단돈 5파운드에 파는데, 2~3시간 서서 연극을 볼 수 있는 체력만 된다면 저렴한 가격으로 수준 높은 연극을 즐길 수 있게 되는 것이다. 스탠딩 석의 장점은 무대 앞쪽에 자리를 잡으면 코앞에서 배우들의 연극을 생생하게 볼 수 있다는 것이다. 명당을 잡으려는 관객들로 스탠딩 석을 기다리는 줄은 연극 시작 오래 전부터 붐빈다.

런던 여행을 자주 했지만 셰익스피어 글로브를 방문한 것은 이번이 처음이다. 이 책을 준비하기 위해 닥터 후를 다시 보면서 그전에는 눈에 띄지 않았던 이곳을 뒤늦게 알아보게 됐다. 그래서 원고의 업데이트를 위해 런던을 다시 방문해서야 가보게 됐던 것이다.

가서 보니 셰익스피어 글로브는 사우스뱅크에 위치해 있고, 내가 런던 방문 때마다 사우스뱅크 산책을 즐긴 탓에 앞서 몇 차례 런던에 있는 동안 저녁에 수차례 오간 곳이었다. 그때는 이곳이 어떤 곳인지 몰랐었고 사람들이 붐빈 탓에 어떤 곳일까 궁금해 했지만 다음 기회에 알아보리라 다짐만 하고 가던 길을 계속 갔었다. 그때 교복을 입은 중고등학생들, 슈트를 입은 회사원들, 머리가 희끗한 할머니, 할아버지 등이 웅성웅성 모여 있던 것만 뇌리에 박혀 있다. 이곳이 셰익스피어 글로브라는 것을 알고 보니 새삼 영국은 문화를 사랑하는 DNA가 남녀노소를 불문하고 뼛속까지 스며진 국가라는 것을 깨닫는다.

뿐만 아니라 세계적으로 인정받는 영국 배우들의 내공도 이렇게 역사와 전통 있는 연극, 연기 체계가 바탕이 된 것이 아닐까 싶다. 영국의 영상 산업은 셰익스피어의 연극 전통에 바탕을 두고 발전해왔다는 평가를 받는다. 잘 알려진 '양들의 침묵'의 안소니 홉킨스나 영화 '토르'에서 '토르'의 동생역으로 나와 큰 인기를 모았던 톰 히들스턴이 다닌 '더 로열아카데미 오브 드라마틱 아트(RADA)' 전통 있는 연기 교육기관들도 셰익스피어의 연극과 극장에서 그 유래를 찾아볼 수 있다. 미국이 배우의 스타성에 의존하는 반면, 영국은 배우들이 텔레비전, 영화, 연극 무대를 오가면서 탄탄하게 연기력을 쌓는 전통 역시 연극이 뿌리내린 문화 역사에서 찾아볼 수 있다.

저녁 공연은 7시 30분에 시작하는데, 해가 긴 여름에는 공연이 한참 진행되는 8시 30분에서 9시경 해가 뉘엿뉘엿 진다. 천장이 뚫린 탓에 자연 조명에 따라 바뀌는 공연의 분위기도 말로 표현할 수 없을 정도로 운치 있다. 인공조명을 최소한으로 하기 위해 낮에는 자연광 아래에서, 밤에는 최소한의 인공조명만 사용한다고 한다. 그래서 춥고 해가 짧은 겨울에는 공연을 하지 않고, 야외공원에 적합하도록 날씨도 괜찮고 해가 비교적 긴 4월~10월까지, 또는 작품에 따라 5월~9월에 공연을 한다. 화려한 볼거리보다는 셰익스피어 정극을 현지에서 즐기고자 하는 사람들에게 더없이 행복한 경험이다. 다만 대사에 고어들이 많아 알아듣는 데는 어쩔 수 없는 어려움이 있다.

셰익스피어 글로브

21 New Globe Walk, Bankside, London SE1 9DT, United Kingdom

Blackfriars / London Bridge / Cannon Street / Waterloo

+44 20 7902 1400

http://www.shakespearesglobe.com/

그 시대 언론 역할을 한 연극

셰익스피어가 살았던 시대는 100년 전쟁, 장미 전쟁 등을 거치며 중세시대에서 르네상스 시대로 넘어가는 격변기였다. 당시에는 사회 지성인들이 극장으로 모여들어 사회를 비판했고, 특히 사회에 대한 불만을 급진적으로 제기한 사람들이 연극 작가였다고 한다. 중세 시대의 연극과 르네상스 시대 연극의 분위기가 확연히 다른 것도 이 때문이다. 중세 시대 연극은 대부분 종교적인 극으로 성경 위주인 반면, 르네상스 시대 연극은 인간 중심이다. 이에 따라 인간을 억누르는 사회에 대한 비판의 목소리 역시 커지던 시대다.

이 시대 연극은 사회비판 기능을 하는 현재의 언론 같은 역할을 했던 것이다. 오늘날에는 연극이 예술적인 의미가 강하지만 언론이라는 개념이 없던 그 당시에는 연극이 언론 매체 역할을 했고, 배우들이 시골로 가서 연극을 하며 도시 사람들이 어떤 생각을 하는지 이야기를 전달하는 역할을 했다고 한다. 이러한 역사를 알고 보니 셰익스피어와 그의 작품, 여기 셰익스피어 글로브에서의 감회가 더욱 새롭다.

닥터 후 팬들의 성지, 코벤트 가든

코벤트 가든은 닥터 후가 흑백으로 방영되던 시절인 1968년 '웹 오브 피어' 편에 등장하기도 했지만, 닥터 후 팬들 사이에서는 닥터 후 기념품을 파는 곳으로 더욱 유명하다. 코벤트 가든 정문을 마주보고 왼쪽 로열 오페라 하우스 바로 옆 건물 붉은색 벽돌 건물이 교통 박물관이고, 그 옆의 성 바울 교회에서 맞은편에 노점상들이 몰려 있는데, 이곳에 닥터 후 기념품 가게가 있다.

왼쪽 위 **코벤트 가든** 오른쪽 위 **코벤트 가든 안 애플 마켓**
아래 **닥터후 기념품 상점**

코벤트 가든

- Covent Garden
- Covent Garden
- +44 7240 9731
- https://www.coventgarden.london/
- **시간**: 월~금요일 10:00~20:00, 토요일 09:00~20:00, 일요일 12:00~18:00

제1대 닥터부터 현재의 11대 닥터까지 전부 나와 있는 큼지막한 포스터도 있고, 타임머신인 타디스가 크기별로 있다. 손으로 흔드는 순간 센서가 반응해 TV에서 나올 때처럼 시간 속으로 날아가는 소리를 내기도 한다. 소닉스 크류 드라이버 모양의 전동칫솔은 10대 닥터부터 크기별로 있다. 닥터와 컴패니언의 모습이 새겨진 컵, 찻주전자, 수첩 등 문구세트도 있고, 1대 닥터의 컴패니언인 로즈 역을 맡은 빌리 파이버가 사인한 자신의 사진도 있고, 심지어 닥터가 타고 다니는 'Tardis'(타디스)가 그려져 있는 수건도 있다. 이 가게의 주인이 1963년 제1대 닥터 시절부터 닥터 후의 애청

자였다고 한다. 닥터 후를 사랑하는 팬이라면 닥터 후 관련 상품을 현지에서 저렴하게 챙길 수 있는 기회다.

코벤트 가든은 피카딜리 라인 코벤트 가든 역에서 내리면 바로 나온다. 이전에 수도원 부설 야채 시장이 있던 곳으로 시장이 옮겨가고 펍과 상점들이 생겼다. 오드리 헵번이 영화 '마이 페어 레이디'에서 꽃을 팔던 곳이 이곳이다. 애플마켓에서는 액세서리를 팔고 주빌리 마켓에는 의류 수공예 골동품 등을 팔고 있다. 코벤트 가든은 어느 순간 영국 문화를 즐길 수 있는 핫플레이스로 등극했는데, 아기자기한 물건들을 구경하는 재미가 쏠쏠하다. 특히 골동품을 좋아하는 사람들에게는 눈이 휘둥그레지고 오랫동안 자리를 뜨지 못할 곳인 것 같다.

마켓 이외에도 코벤트 가든 주위에 버버리, 톱샵, 애플 매장, 키엘 등 다양한 브랜드 매장이 들어서 있어 쇼핑하기에도 편리하다. 무엇보다 리젠트 스트리트에도 영국 홍차 브랜드 위타드가 있는데, 나는 항상 코벤트 가든의 위타드 지점에서 홍차를 사곤 했다. 리젠트 스트리트보다 크고, 종류도 많은 것 같고, 시음도 더 편하기 때문이다. 그리고 매장에서 차를 우려주면 왠지 차에 가득 둘러싸인 그 분위기 때문에 향이 더 좋고, 맛도 좋은 것 같은 착각에 빠진다. 그래서 코벤트 가든만 가면 내 손에는 항상 위타드 쇼핑백이 한가득 있다.

08

영국인들의
유별난 베컴 사랑,
벤드 잇 라이크 베컴
(Bend it Like Beckham)

"We may be a small country, but we are a great one. A country of Shakespeare, Churchill, The Beatles, Sean Connery, Harry Potter, David Beckham's right foot, David Beckham's left foot come to that..."

영국을 배경으로 한 영화 '러브 액추얼리'를 보면 휴 그랜트가 연기한 영국 총리가 협상에서 부당한 요구를 하는 미국 대통령에게 영국이 미국에 굴복하지 않겠다고 선언하며 이런 말을 한다. "영국이 비록 작은 나라지만, 위대한 나라입니다. 영국은 셰익스피어, 처칠, 비틀즈, 숀 코너리, 해리포터를 배출한 나라입니다. 오른발이 환상적인 축구선수 데이비드 베컴의 나라이기도 하고요, 아, 물론 베컴의 왼발도 있죠... 하하"

비록 영화 속이긴 하지만 영국 총리가 영국의 위대함을 알리는 이 대목에서 영국에서 축구 선수 데이비드 베컴이 차지하는 위상을 알 수 있다. 그는 영국 위인들이 그 무엇과도 바꾸지 않겠다고 선언한 세계적인 작가 셰익스피어, 영국의 위대한 정치가 윈스턴 처칠, 대중 음악의 역사를 새로 쓴 비틀즈, 영국을 대표하는 배우 숀 코너리, 세계적으로 엄청나게 히트한 소설 및 영화 해리포터와 어깨를 나란히 할 정도라는 것이다.

축구 소녀, 베컴을 꿈꾸다

영국이 사랑하는 축구선수, 데이비드 베컴(1975~), 본명은 데이비드 로버트 조지프 베컴이다. 유소년기와 전성기를 영국 프리미어리그 맨체스터 유나이티드에서 보냈고, 이후 레알마드리드, AC밀란, LA갤럭시 등에서 뛰었다. 1996년부터 2009년까지 약 14년을 잉글랜드 국가대표팀 선수로 활약했다. 2013년 5월 은퇴할 때까지 20년 동안 19개의 메이저 트로피를 들어 올렸고, 두 번 'FIFA 올해의 선수' 2위에 이름을 올렸으며 2004년 FIFA 100인에 선정 됐다. 2014년 마이애미에서 신생팀을 창단했다. 출중한 실력에 잘생긴 외모까지 갖춰 스타성이 뛰어나 광고 스폰서 수입 등을 포함한 추정 연 수입이 2013년 한해에만 5,060만 달러(565억 원)가 넘는다. 영국 여성그룹 Spice Girls(스파이스 걸스)의 멤버 빅토리아 베컴과 결혼해 네 자녀를 두

고 있는데, 요즘은 그의 공적인 일보다는 공처가, 애처가 이미지로 더욱 인기를 얻고 있다. 그와 가족들의 일거수일투족이 팬들의 관심 대상이다.

베컴의 인기가 얼마나 대단했냐면 그의 이름을 딴 영화도 나왔다. 바로 2002년 작품인 '벤드 잇 라이크 베컴'(베컴처럼 감아 치기)이다. 화려한 오른발 커브 슛을 선보이는 베컴처럼 멋진 프리킥을 날리는 프로축구선수가 되길 바라는 영화 속 인도계 영국 소녀 제스(파민더 나그라)의 꿈이 그대로 함축된 제목이다. 제스는 보수적인 엄마, 아빠 눈을 피해가며 동네에서 사내아이들과 어울려 공을 찬다. 우연히 정식 여자 축구단 선수 줄리엣(키이라 나이틀리)의 눈에 띄면서 그녀의 인생이 바뀐다. 줄리엣은 제스에게 팀에서 함께 뛸 것을 제안하고 제스는 동네 리그에서 탈출해 젊은 코치 조(조너선 리스 마이어스)로부터 축구를 정식으로 배우게 된다. 그러나 몰래 하는 축구가 들통 나게 되고 언니 핑키가 파혼 당하면서 축구 인생이 꼬이기 시작한다.

제스의 방 안은 그녀의 우상인 베컴 사진들로 도배가 돼 있다. 베컴은 선수 시절 자주 멋진 헤어스타일을 선보이며 유행을 선도했었는데, 영화를 촬영하던 그때 베컴은 민머리를 하고 경기에 등장했었다. 그래서 민머리에 밝게 웃으며 맨체스터 유나이티드 유니폼을 입고 있는 베컴 사진이 제스 침대 머리맡에 떡 하니 붙어 있다. 여성 감독인 거린다 차다 감독은 영화 속 베컴의 경기 장면 및 그의 사진을 쓰기 위해 베컴의 허락을 받았다고 한다. 영화 '러브 액추얼리'에서 '줄리엣'으로 나온 키이라 나이틀리는 여기서의 극중 이름이 줄리엣이라는 것도 재밌다.

영화를 본 이후에 감독의 인터뷰를 봤는데 제목의 '벤드'는 사전적인 의미로 '구부리다'라는 뜻이 있고, 그래서 영화 제목의 표면적 의미는 '베컴의 프리킥처럼 구부려 휘어 차라.'라는 의미가 있다고 한다. 그러나 사회에서의 여성의 위치, 그리고 영국에서 소수민족으로서 인도인들의 어려움 등을 담담히 말하는 그녀의 이야기를 듣고 있다 보니 베컴이 자기편 선수에게 패스의 정확도를 높이는 한편, 상대편이 공의 방향을 예측하거나 중간에서 가로채는 것이 어렵도록 만들기 위해 휘감아 치는 슈팅을 개발하고 체득한 것처럼 영화 제목이 자신의 의지를 관철시키기 위해 때로는 전략적으로 우회하고 유연하게 대처하면서 장애를 극복하는 것이 필요하다는 의미도 담고 있다는 생각이 새삼 들었다.

영국의 멋쟁이들을 보려면 이곳으로 – 카나비 스트리트

제대로 된 축구화가 없던 제스가 줄리엣과 축구화를 사러가는 곳이다. 2002년에 찍힌 영화가 비추는 카나비 스트리트의 모습은 지금보다는 덜 세련됐다. 그런데 화면 속을 들여다보면 14년 전에도 여전히 활기가 넘치는 것을 알 수 있다.

런던에 가면 소호에서의 쇼핑을 빼놓을 수 없다. 소호는 리젠트 스트리트, 옥스퍼드 스트리트, 카나비 스트리트 등 주요 쇼핑 거리 몇 군데를 통칭한 지역이다. 옥스퍼드 역에서 내려 리젠트 스트리트을 걷다보면 카나비 스트리트를 가리키는 표지판을 만날 수 있다. 스트리트의 거리가 150m 밖에 안 되는 작고 아담한 지역이지만 알록달록한 상점들이 가득 들어서 있어 시간 가는 줄 모르고 구경한다. 첼시의 킹스로드와 더불어 기성세대에 반항한 젊은이들의 개성적인 문화가 꽃 핀 곳이며 딱 달라붙는 바지 등 반항적인 모즈 룩(mods look : 1960년대 영국에서 나타난 비트족의 패션)의 발상지로 알려져 있다. 패션의 거리라는 전통과 명성에 걸맞게 이곳을 지나가는 남녀 런더너들이 하나같이 멋쟁이들이다. 모즈 룩은 1960년대 전 세계 젊은이들을 매료시킨 비틀즈의 나팔바지, 장식이 많이 붙은 재킷, 화려한 프린트의 셔츠 등 히피 패션의 토대가 되기도 했다.

대중화된 브랜드들 보다 잘 알려져 있지 않은 여러 낯선 브랜드들을 구경하는 재미도 쏠쏠하다. 리젠트 스트리트는 아치형 고건물의 웅장한 느낌이고, 옥스퍼드 스트리트는 H&M, 프리마크 등 대중화된 브랜드로 사람들이 북적거리는 느낌이라면 카나비 스트리트는 또 다른 분위기다. 마치 동화 속에 들어온 것 같다. 아디다스, 나이키, 게스, 디젤 등 익숙한 브랜드도 많은데, 상점을 형형색색으로 예쁘게 꾸며놓아서 왠지 다른 브랜드 같다는 착각을 불러일으킨다. 기분이 울적해질 때 걸으면 기분이 좋아지고, 기분이 좋을 때 걸으면 더욱 기분을 띄워주는 곳이다.

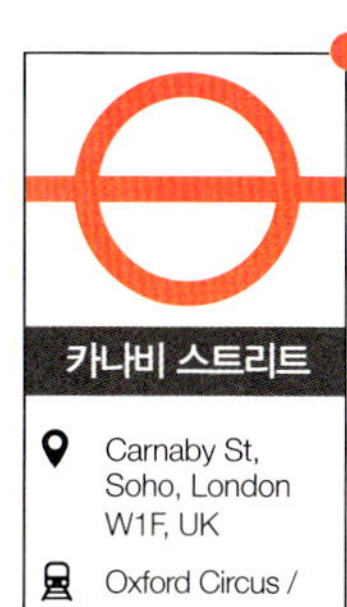

카나비 스트리트

런던의 백화점

01. 리버티

카나비 스트리트에서 조금 더 걷다보면 한눈에 들어오는 고급 저택 같은 고풍스러운 건물을 만날 수 있다. 바로 런던에서 가장 오래된 백화점 '리버티'다. 아르누보 양식으로 지어진 이 백화점은 목조 건물 특유의 따뜻하면서도 묵직한 감성을 건물 전체

리버티 백화점

가 뿜어내는 곳이다. 유명 명품 브랜드부터 신예 디자이너 제품까지 다양한 컬렉션을 판매하고 있으며, 뷰티, 주얼리, 액세서리, 화장품, 고급 욕실&주방용품 등 백화점에 있을 만한 모든 것을 갖춘 곳이다. 다만 식품관은 없다. 대부분 일반 백화점에 비해 고가라 선뜻 구입은 망설여지는 그런 곳이다. 그래도 둘러보는 데 돈이 드는 것은 아니니 구경할만한 곳이다. 마치 명품관을 엿보듯 우아한 옷들, 반짝반짝한 다기를 둘러보는 것만으로도 기분이 좋아진다.

리버티 백화점 내부

이곳 리버티 백화점과 함께 해로즈, 셀프리지 백화점이 런던의 3대 백화점으로 꼽힌다. 해로즈와 셀프리지는 리버티만큼이나 전통과 스토리가 있는 곳이다.

셀프리지 백화점 내부

02. 셀프리지

옥스퍼드 스트리트에 가면 노란색 쇼핑백을 들고 다니는 사람들을 많이 볼 수 있다. 백화점만큼이나 유명한 셀프리지 백화점 쇼핑백이다. 런던의 유행을 보고 체감하려면 셀프리지 백화점으로 가면 된다는 말이 있을 정도로 첨단 유행의 중심에 있는 곳이다. 유행에 민감한 곳인 만큼 런던 최대 상업지구 옥스퍼드 스트리트의 최고 명당자리를 차지하고 있다. 지하 1층 지상 4층 규모로 명품, 의류, 화장품 등 최신 트렌드를 반영해 백화점을 꾸며 놓았는데, 특히 젊은 고객층이 많이 찾는다. 영국에서 가장 대중화된 백화점 브랜드로 꼽히며 세계 최고의 백화점으로 2번이나 선정됐을 정도로 백화점 브랜드 관리나 내부 인테리어, 유통 상품의 품질 등이 검증된 곳이다. 이곳은 그냥 딱 한국의 L백화점이나 S백화점 같은 분위기인데, 찾아보니 한국의 백화점들이 셀프리지를 벤치마킹했다고 한다.

영국 런던 쇼핑 중심가에 떡하니 자리 잡고 있지만, 사실 이곳은 1909년 영국인이 아닌 미국인 '고든 셀프리지'에 의해 설립된 곳이다. 당시의 옥스퍼드 스트리트는 지금처럼 화려한 장소가 아닌 죄수들이 지나다니는 위험하고 흉흉한 동네였다고 한다. 그러나 셀프리지 백화점이 등장하면서 이곳이 상업지구로 탈바꿈하고 분위기도 변했다. 옥스퍼드 스트리트가 현재의 명성을 얻고, 런던을 들르는 모든 여행객이 한번쯤 오는 명소가 되는데 셀프리지 백화점이 톡톡히 기여했다.

셀프리지는 개점 초기 영국 여인들의 환심을 사기 위해 최고의 디스플레이 전문가를 고용하는 등 투자에 아낌없이 돈을 쏟아 부었고, 결과는 대성공이었다. 아직까지 그 전통이 이어지고 있어 특별한 상품의 프로모션 시기 등을 맞춰 시즌마다 콘셉트를 정해 백화점 내부 인테리어나 1층 쇼윈도를 화려하게 꾸민다. 그래서 백화점에서 물건을 사기보다 멋진 디스플레이를 보기 위해 셀프리지를 방문하는 고객들도 늘고 있다고 한다.

이곳은 신발 매장이 유명하다. 굉장히 잘 꾸며져 있다. 명품 브랜드부터 저렴한 브랜드의 신발까지 세상에 있는 모든 신발이 여기 다 모여 있는 것만 같다. 고객들이 다양한 신발을 편하게 신어보고 고를 수 있는 공간까지 마련돼 있다. 이런 섬세한 배려에서 이곳이 왜 대중들의 사랑을 받는 백화점인지 엿볼 수 있다.

셀프리지 백화점을 200% 즐기는 방법

고든 셀프리지의 일생을 다룬 영국 드라마도 있다. BBC가 2013년 시즌 1을 시작해 2016년 현재 시즌 4까지 제작한 '미스터 셀프리지'이다. 100년 전에도 백화점 마케팅 수법이 현재와 똑같다는 게 정말 신기하다. 아니 현재 백화점 전문가들이 과거 기법을 그대로 차용하고 있다고 하는 게 맞겠다. 드라마 속 셀프리지는 백화점 건물이 올라가기도 전에 머릿속으로 온갖 마케팅 방법들을 고안해 낸다. 사람들의 눈을 사로잡을 수 있는 유명한 여자 연예인이나 여성 댄서를 영입한다. 디스플레이를 현란하게 해놓아 욕망을 자극하고 또한 소비자들이 눈으로만 구경하는 것이 아니라 직접 만져보고 입어볼 수 있도록 하면서 소비 욕구를 부추기는 기법 등, 셀 수 없다. 백화점의 역사와 진화 과정에 재미를 더한 드라마다.

해로즈 백화점

03. 해로즈

해로즈 백화점은 이들과 좀 떨어진 부촌 나이트 브릿지 역에 있다. 해로즈는 1834년 런던 동쪽의 Stepney에서 도매 식료품점으로 시작해 이후 지금의 자리로 옮겼다. 해로즈는 2만㎡ 부지에 총 9만㎡의 매장 면적을 갖고 있어 영국뿐만 아니라 유럽에서도 규모가 가장 큰 백화점이다. 셀프리지가 영국에서 두 번째로 큰 백화점인데 상용 부지는 5만㎡로 해로즈의 절반 정도다.

해로즈 지하에는 자동차 사고로 사망한 고 다이애나 전 왕세자비와 그때 동승한 도디 알 파예드의 추모공간이 있다. 도디가 이 백화점 주

해로즈 백화점 내부

인인 이집트 갑부 모하메드 알 파예드의 아들이기 때문이다. 다이애나와 도디가 'Innocent victims'(무고한 희생자들)이라는 문구가 씌여진 동그란 발판 위에서 서로의 눈을 응시하며 두 손을 맞잡고 흥겹게 춤을 추는 동작을 표현한 동상도 메모리얼 한 가운데 우뚝 서 있다. 손 위에 앉은 새는 영원과 행운을 상징하는 희귀한 새 알바트로스(신천옹)다. 파파라치의 추격을 피하려다 희생된 이들, 특히 아들을 그리워하는 모하메드의 작품이다. 화려하고 번쩍거리는 백화점 깊숙한 곳에 이런 슬픈 공간이 있다니 기분이 묘해진다. 그런데 한편으로는 영국 왕실 입장에서는 전 왕세자비가 다른 남자를 사랑했고, 그것이 청동상으로 만들어져 전 세계의 부자들이 들르는 유명 백화점에 영원히 남을 것이라는 게 불편했을 것이라는 생각도 들었다. 그럼에도 영국 경제에 엄청난 기여를 하는 외국인 갑부의 뜻을 거스르지 못한다는 데서 새삼 자본주의의 무서움이 느껴지기도 했다.

모하메드는 파리의 리츠 호텔까지 소유하고 있는 억만장자인데, 어렸을 때 해로즈에 가서 보고 반해 꼭 사리라 마음먹고 1985년 해로즈의 모회사인 하우스오브 프레이저를 인수하면서 꿈을 실현시켰다. 해로즈는 여러 개의 방으로 구성된 미로 같은 내부로 유명한데, 모하메드가 인수한 후 공간 하나를 자신의 고향인 이집트 스타일로 꾸몄다. 기둥에 이집트 상형문자들을 새긴 것은 물론 이집트에서 공수해 온 석상도 세워 이집트 왕가의 계곡을 재현했다. 이 방은 해로즈가 고풍스럽고 호화로운 곳으로 명성을 얻는데 기여했다.

고급백화점의 명성에 맞게 이곳은 영국왕실과 귀족뿐 아니라 전 세계 부자들이 쇼핑하는 곳으로도 유명하다. 언제 들러도 백만장자가 한국의 인구 수 만큼이나 많은 중국 부자들, 중동의 오일 머니 갑부들(주로 갑부의 아내나 딸 등 여성 가족들)이 백화점 내 입점한 명품 브랜드 쇼핑백을 한 가득 들고 돌아다니는 것을 목격할 수 있다. 이렇게 비싼 장식을 하고, 비싼 물건을 모아놓은 장소에서 드레스 코드를 요구하는

다이애나와 도디 추모 동상

건 당연한 것일까? 맨발이나, 땀을 엄청 많이 흘린 옷을 입고 있거나 수영복, 또는 슬리퍼 등을 신고 있으면 백화점 곳곳을 지키고 있는 경비 요원들이 쫓아낼 수도 있다고 알려져 있지만, 옷차림이 좀 깔끔하지 못한 사람이 있더라도 경비원이 손님을 밖으로 에스코드하는 장면을 직접 목격한 적은 없다.

이곳에서 꼭 둘러봐야 하는 곳은 푸드홀, 즉 식품관이다. 해로즈의 푸드홀은 에드워드 7세 시절을 일컫는 에드워디언 시대(1901~1910년) 풍으로 꾸며 놓았다. 이것 역시 모하메드의 작품인데, 과거의 오리지널 장식을 가리고 있던 천장의 보드와 장치들을 다 걷어내고 아름다운 에드워드 시대의 로코코 천장들과 아르데코 스타일의 기둥과 브론즈 창살, 아르누보 몰딩과 세라믹 타일을 복원해 과거의 찬란했던 모습으로 재현해 냈다. 천장의 아름다운 샹들리에와 벽을 가득 메우고 있는 벽화 등, 어디를 둘러봐도 아름답지 않은 곳이 없다.

'Harrods Own Label'이라고 해로즈에서 직접 개발하고 판매하는 라인의 상품들도 선보이는데 각종 티, 컵 등 종류도 다양하다. 백화점에 들어와 있는 다른 브랜드에 비해 가격도 저렴하고 포장도 예뻐 선물용이나 소장용으로도 좋을 것 같다. 식품관을 돌아다니면서 앙증맞게 진열돼 있는 케이크, 초콜릿, 각종 과일을 보고 있으면 먹고 싶은 욕구를 참기가 정말 어렵다. 백화점 식품관에다 해로즈라는 프리미엄이 붙어서 그런지 케이크 하나, 초콜릿 하나의 가격도 만만치 않다.

해로즈는 화장실까지 명성이 자자하다. 유럽의 다른 쇼핑몰들이 화장실을 이용할 때 50~80센트의 비용을 요구하는 것과 달리 해로즈는 주로 부자들만 상대하는 자신감과 관용에서 비롯됐는지 화장실 사용이 무료였다. 무엇보다 놀란 것은 화장실마저 럭셔리한 분위기가 감돈다는 것이다. 화장실 세면대에 고급 브랜드 핸드 워시, 핸드 로션, 퍼퓸 등이 구비돼 있을 정도다.

해로즈 지하의 다이애나와 도디 추모 공간

휴가를 즐기러 단기간 런던에 머무르는 관광객이나 설사 장기간 유럽 여행을 계획하며 20킬로가 넘는 배낭을 짊어지고 다니는 배낭 여행객이라 하더라도, 적어도 한 벌 정도는 격식을 갖춘 옷을 가지고 가는 게 좋다. 겉모습만 보고 사람을 평가하는 것이 권장되지는 않지만 여전히 사람의 첫인상을 결정하는 데 옷차림이 중요한 잣대가 되는 것을 부인할 수는 없다. 그리고 무엇보다 옷차림은 몸을 가리고 치장하는 것뿐만 아니라 예의를 표현하는 방법이기도 하다. 도로를 활보할 때는 모르지만 돈을 들여 최고급으로 꾸며놓고, 그럼에도 소수가 아니라 모두를 향해 입구의 문을 활짝 열어놓은 고급 백화점을 갈 때는 단정한 차림으로 가는 게 어떨까? 깔끔한 옷차림으로 방문하는 것은 그들이 성의를 들여 아름답게 꾸며놓은 내부를 즐기는 데 대한 최소한의 예의인 것 같다. 사실 어수룩한 옷차림보다 예쁘게 꾸미고 가면 기분도 좋아지고 자신감도 생긴다. 점원들의 태도도 달라진다.

외국인에 점령당한 런던 부동산

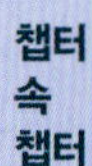

런던이 국제도시라는 것은 런던에 외국 자본이 많이 들어와 있다는 뜻이기도 하다. 실제 런던 부동산의 50% 이상은 외국인 소유다. 런던에서 가장 높은 빌딩인 '더 샤드'의 지분 95%, 런던에서 가장 비싼 아파트 건물 가운데 하나인 원하이드파크의 지분 절반 정도를 카타르 투자자들이 가지고 있다. 또한 영국 내 은행 등 기관 투자자들이 거들떠보지 않던 런던올림픽 빌리지 아파트 단지를 개발한 것도 카타르 국영 부동산투자 회사인 카타르 디알이다. 영국의 대표적인 럭셔리 백화점인 해로즈도 카타르 소유다. 1985년 모하메드 알 파예드가 해롯 백화점을 6억 1,500만 파운드에 인수하고, 2010년 카타르 투자청 산하의 국부펀드 카타르홀딩스가 알 파예드로부터 15억 파운드에 해로즈를 인수했다.

오랜 기간 영국 보호령 아래에 있으면서 설움을 갚아주려는 것일까? 카타르 왕실은 특히 영국 런던 부동산에 대한 관심이 유난히 크다. 런던의 200만 파운드 이상 주택 30채 가운데 1채가 카타르 왕실 소유라는 추산도 있다. 카타르 왕실은 지난 2015년 5월 런던 중부의 마운트 스트리트에 위치한 6층 건물을 매입하기도 했다. 매각 대금은 당시 470만 파운드(약 83억 원). 2015년 런던에서 거래된 부동산 가운데 가장 비싸게 팔린 집 중 하나로 알려졌다.

중국의 런던 부동산 투자 바람도 거세다. 중국 부동산기업 중룽(中融)그룹은 최근 런던 남부에 빅토리아 시대의 건축물, 1851년 런던 만국박람회의 상징물인 크리스털팰리스를 5억 파운드를 투자해 문화상업 지구로 복원한다고 지난 2013년 밝혔다. 크리스털팰리스는 만국박람회 이후 하이트파크에서 브롬리로 이전했지만, 1936년 화재로 소실된 대영제국의 번영의 상징물로 통한다. 런던 금융가의 상징적인 건물 로이즈 보험 본사 빌딩도 중국 자본에 매각됐다. 건축계의 노벨상으로 불리는 프리츠커상을 수상한 건축가 리처드 로저스가 설계한 로이즈빌딩은 2억 6,000만 파운드에 중국 핑안보험에 소유권이 넘어갔다. 앞서 중국공상은행(ICBC)은 맨체스터 공항 상업지구에 6억 5,000만 파운드를 투자한다고 밝혔다. 또한 중국투자공사(CIC)는 영국 히스로공항 운영사의 지분 10%를 인수했다.

이밖에도 다양한 국적의 외국 자본들이 런던으로 들어오고 있다. 영국 일간 가디언의 지난 2014년 4월 보도에 따르면 '2013년 런던에 들어선 새 주택의 85%가 비영국인 투자자 소유'라며 '대부분 모스크바, 쿠알라룸푸르, 베이징, 싱가포르 등의 투자자들이 부동산을 현찰로 구입하고 있다.'고 전했다.

해외 거부들의 투자가 늘면서 부작용을 우려하는 목소리도 나오고 있다. 런던은 외국인들이 투자를 목적으로 주택을 구입한 뒤 비워 놓는 곳이 많아 이른바 고스트타운이 사회 문제로까지 대두되고 있다. 주요 도시의 부동산 가격을 올리면서 거품을 조장한다는 지적도 끊이지 않고 있다.

09

런던에 나타난
천둥의 신 '토르'

할리우드 영화들이 한동안 미국 문화를 전파하기 위해 대체로 뉴욕이나 워싱턴 등 주요 지역을 중심으로 찍은 영화들을 많이 제작했는데, 요즘은 미국 도시에 대한 호감도가 떨어진 것인지, 아니면 영국의 매력이 부각되고 있는 건지, 유명 슈퍼히어로 시리즈들이 최신작을 영국 런던으로 무대로 옮겨 찍으면서 런던이 영화 촬영 장소로 제2의 전성기를 맞고 있다. 덕분에 우리는 할리우드의 스케일 크고 스펙타클한 액션 영화에서 런던을 만나볼 수 있는 호사를 누리게 됐다. 그 중 하나가 영화 '토르'다.

수천 년 전 어느날, 다크엘프가 반액체물질 '에테르'를 이용해 우주의 빛을 훔쳐 세상을 혼란에 빠트리려고 하는데, 당시 아스가르드 통치자이자 오딘왕(안소니 홉킨스)의 아버지인 보어왕이 이끄는 군대에 의해 좌절된다. 반란으로 지구를 혼란에 빠뜨렸던 오딘의 양자 로키(톰 히들스턴)는 오딘에 의해 지하 감옥에 갇히게 되고 오딘의 장자 토르(크리스 헴스워스)는 에테르에 감염된 연인 제인(나탈리 포트만)을 구하고 혼란에 빠진 아홉 세상의 질서를 바로잡기 위해 나선다.

토르는 미국 만화영화 제작사 '마블'이 북유럽 신화 속 천둥번개의 신을 모티브로 해 만들어낸 캐릭터다. 아스가르드의 왕자이며 무기로 '묠니르'라고 불리는 망치를 들고 다닌다. 이 망치에서 번개 또는 토네이도를 만들어 적을 물리치고 망치에서 나오는 추진력으로 하늘을 날기도 한다. 망치의 주인공인 토르만이 이 망치를 컨트롤 할 수 있다. 호주 출신 크리스 햄스워드가 토르 역을 맡으면서 스타덤에 올랐다. 지금까지 '토르 : 천둥의 신'(2011), '토르 : 다크 월드'(2013) 등 2편의 영화가 나왔는데 1편의 무대가 미국 뉴욕이었다면 2편은 영국 런던이다.

영화 '레옹'에서 킬러의 보호를 받는 어린 소녀로 나와 우리에게 이름을 알린 나탈리 포트만이 토르의 연인이자 과학자 제인을 연기 한다. 자그마한 체구에서 나오는 폭발적인 에너지로 깊은 인상을 남긴 '블랙 스완'(2011)으로 아카데미 최우수 여우주연상, 영국 아카데미상 등을 거머쥐었다. 연기력으로 승부하는 배우라 이런 히어로물에 나오는 것이 다소 의외였는데, 그녀의 출연작을 보면 드라마, 액션, 로맨틱 코미디, 고전, 스릴러 등 다양한 장르, 가볍고 무거운 영화 등 연기 스펙트럼이 무척 넓다는 것을 알 수 있다. 영화 토르 역시 다재다능한 배우의 당연한 선택처럼 여겨졌다.

그리니치대학교

토르와 다크엘프의 한판 승부 – 그리니치대학

다크엘프의 거대한 우주선이 바로크 양식의 웅장한 쌍둥이 건물 사이로 떨어지고 하늘에서 떨어진 토르가 다크엘프 수장인 말레키스와 한판 승부를 겨루는 장면이 기억나시는지? 특히 말레키스와 토르가 싸우면서 비춰지는 회랑이 눈을 사로잡는 이 건물들은 런던 그리니치에 있는 그리니치대학이다. 이 건물은 1869년까지 부상당한 선원들의 병원으로 쓰이다가 이후에는 왕립해군사관학교로 쓰였고, 지금은 그리니치대학과 트리니티 음대로 사용되고 있다. 사진에서 오른쪽 건물이 페인티드 홀이 있는 킹 윌리엄관이며, 왼쪽에 쌍둥이 같이 똑같은 건물은 성당 올드채플이 있는 퀸 메리관이다. 윌리엄 3세와 아내 메리 2세 여왕의 이름을 따서 지은 건물들이다. 제인(나탈리 포트만)은 자신의 꿈에서 에테르로 덮인 암흑 세상을 보게 되는데, 그녀의 동료 셀빅 박사는 제인의 환상을 듣자마자 고대 천문 기록을 통해 다크엘프들이 그리니치에 봉인된 어둠의 힘을 해방할 것을 알아챈다.

셀빅 일행은 그리니치에 와서 중력 제어기를 꽂아놓고 기다리고 다크엘프들의 우주선이 올드채플과 페인티드홀 등 쌍둥이 건물 사이로 내려온다. 토르 역시 말레키스를 쫓아 망치를 들고 이곳으로 떨어진다.

그리니치대학이 있는 그리니치 지역은 Zone 2에 위치해 있어서 Zone 1의 런던 중심가와 멀지 않아 당일치기로 방문할 수 있다. 런던 시내에서 오는 방법은 런던 1존 뱅크 역이나 타워힐 역 타워게이트 역에서 도클랜드 경전철(DLR)을 타면 된다. 경전철을 타고 오면서 창문 밖으로 카나리워프 등 런던 시내를 구경하는 재미도 쏠쏠하다. 카나리워프는 사우스뱅크 지역의 금융가로 신식 고층 건물이 들어선 곳인데 역사적인 건물들이 많은 런던 중심가와는 색다른 느낌을 받을 수 있는 곳이다. 마치 뉴욕 맨해튼이나 홍콩 중심가에 와있는 느낌이 든다.

경전철을 타고 30분 정도 가다가 커티샥 역에서 내려 그리니치대학교로 향한다. 그리니치대학에 들어선 순간 양쪽으로 대칭된 쌍둥이 파란 돔의 고풍스러운 건축물들이 눈을 사로잡는다. 바로 페인티드 홀과 올드채플이 있는 킹 윌리엄관과 퀸 메리관이다. 바로크 양식의 정수를 보여주는 작품으로 칭송받는 건축물들로 세인트폴 대성당을 디자인한 크리스토퍼 렌의 작품이다.

또한 쌍둥이 돔 건물 중간에 흰색의 박스형 건물인 퀸즈 하우스(Queen's House)도 보이는데, 코벤트 가든과 화이트홀 등 런던의 주요 관공서 건축물을 디자인한 이니고 존스가 설계했다. 퀸즈 하우스와 길게 뻗은 양옆의 회랑은 그리니치 건축의 백미로 꼽힌다.

템스 강변의 그리니치 대학은 자연과 건물이 완벽한 조화를 이루어 '영국 제도 안에서 가장 극적이고 멋진 건축과 풍경의 앙상블'이라는 평가를 받으면서 유네스코 문화유산 지역으로 선정되기도 했다. 세월의 흐름을 묵묵히 지켜낸 이곳은 점점 현대화되어 모습이 바뀌는 강 건너편을 유유히 바라보고 있다.

화려한 벽화가 그려진 페인티드 홀의 수난

영화 '토르'에서는 페인티드 홀(회화관)이 학생들의 도서관으로 변모해 토르와 다크엘프 군단의 전투로 유리창이 다 깨지는 수난을 맞는다. 도서관 벽면에 그려져 있는 벽화로 이곳이 원래는 페인티트 홀이었음을 알 수 있다. 그리니치까지 와서 건축물 외관만 보고 페인티드 홀을 방문하지 않는다면 그리니치가 주는 감동의 50%밖에 즐기지 못하고 돌아가는 것과 같다.

페인티트 홀은 해군사관학교 당시 병원에 거주하던 해군 및 퇴역 해군을 위한 식사

페인티드 홀

공간으로 활용됐는데, 특히 화려한 천장화와 벽화들로 유명하다. 당시 영국 왕가와 종교 및 해군력에 대한 경의를 표현한 것으로 모두 제임스 손힐의 작품이다. 현관에서 정면에 있는 벽화는 3면의 창문을 통해 들어오는 빛의 정도에 따라 분위기가 바뀐다. 5,683평방피트에 달하는 천장화는 크롬웰의 독재 정치를 이겨낸 평화, 자유, 승리를 표현해 낸 것인데, 중심 타원형 부분에는 건축 당시의 왕이자 후원가였던 윌리엄 3세와 메리 2세 여왕이 그려져 있다. 주변 부분은 바다 위의 배와 선원들을 그려 국가의 운명은 해군 전력에 달려있다는 것을 상징적으로 표현해 냈다. 이 많은 그림들을 완성하는데 20년이나 걸렸고, 손힐은 1729년 영국 화가로서는 처음으로 기사 작위를 받았다고 한다.

영국의 국민 영웅 넬슨 제독이 트라팔가 해전에서 전사하자 그의 시신이 세인트폴성

퀸 메리관 올드 채플

당에 안치되기 전 화려한 이곳 회화관에 3일 동안 안치됐었다고 한다. 왼쪽 벽면 그림 아래에는 문이 있는데 그곳으로 들어가면 넬슨 동상과 기념품 등이 전시돼 있는, '넬슨 방'이라고 불리는 특별 전시실이 나온다.

페인티드 홀 못지않게 쌍둥이 건물 '퀸 메리관'에 위치한 예배당도 아름답고 경건하다. 1779년 화재가 있었지만 옛 모습 그대로 복원해 당시의 마호가니 설교단도 그대로 있다. 살구색 벽이 석양을 받으면 황금빛으로 물드는 예배당에서 눈을 감고 잠시 쉬어가는 것도 좋다. 지금도 미사가 이뤄지고 있는 곳이라 시간을 맞추면 예배를 드릴 수도 있다. 예배당에서 나오면 회랑들이 길게 쭉 늘어선 통로를 걸어갈 수 있는데 마치 역사 속 한 순간에 멈춰선 듯한 착각이 들기도 한다.

페인트티드 홀과 예배당은 무료로 볼 수 있지만 그리니치가 아름다운 경관 때문에 영화 촬영장소로 대여되는 경우가 많고, 각종 행사들이 많아 관람시간이 수시로 바뀌기 때문에 확인하고 갈 필요가 있다.

페인티드 홀

그리니치대학

Old Royal Naval College, 30 Park Row, London SE10 9LS, United Kingdom

DLR Cutty Sark

+44 20 8331 9000

https://www. ornc.org/ opening-times

퀸 메리관

그리니치를 사랑한 영화들

바로크 양식 건축물들이 흠잡을 데 없이 보존돼 있는 덕분에 이곳은 영화 촬영지로 각광받고 있다. 이름만 들어도 아는 유명한 작품들이 이곳에서 촬영됐다. '캐러비언의 해적 4'(2011)에서 캡틴 잭 스패로우(조니 뎁)가 영국 해군에게 붙잡혀 끌려오는 장면이 페인티드 홀에서 촬영됐다. '스카이 폴'(2012)에서 주디 덴치가 희생된 요원들의 관들을 둘러보고 있는 장면도 윌리엄관 레스토랑에서 촬영됐다. 이 엄숙한 장면의 촬영을 위해 천장의 화려한 샹들리에, 그림 등 벽에 붙은 모든 장식들을 떼어냈다고 한다. 영화 속에서 약 30초간 등장한다.

영화 '레 미제라블'(2012)에서 나폴레옹 시절의 파리를 재현한 곳도 이곳이다. 자유를 상징하는 큰 코끼리상이 세워지고 영화 마지막 장면인 프랑스 반군이 거대한 바리케이드를 건설하고 투쟁하며 마지막을 불사르는 곳도 이곳에서 촬영됐다.

배트맨 시리즈인 '다크나이트'(2012)의 마지막 부분에서 배트맨(크리스찬 베일)의 집사 알프레드(마이클 케인)가 현실에서는 이뤄질 수 없는, 소망하는 장면이 나온다. 브루스가 죽지 않고 그가 좋아하던 이탈리아 피렌체의 커피숍에서 셀레나(앤 해서웨이)와 단란한 한때를 보내는 것이다. 이 장면은 실제로 이탈리아 피렌체에서 촬영되지 않았고 감독 크리스토퍼 놀란이 제작비를 아끼기 위해 메리관 회랑 앞에 테이블을 몇 개 두고 카페로 꾸며 반나절 만에 촬영한 것이라고 한다. 알프레드 왼쪽 옆으로 회랑이 살짝 보인다.

그리니치 천문대

그리니치까지 와서 토르 촬영지만 보고 가기에는 아쉽다. 커티샥 역에서 내린 순간 런던에서 조금 벗어났을 뿐인데 한산한 거리 풍경이 마치 다른 도시에 와 있는 듯한 느낌이다. 15분쯤 걸으면 그리니치 공원이 나오고, 공원 한 가운데 그리니치 천문대가 있다. 공원이 정비가 잘돼 있고 나무들이 우거져 마치 아주 울창한 숲속에서 산림욕을 한 것 같은 상쾌함을 맛볼 수 있다.

그리니치 천문대 앞 그리니치 표준시를 알리는 시계

그리니치 천문대는 1675년 찰스 2세가 천문항해술을 연구하기 위해 세운 곳으로 태양, 달, 행성의 위치 관측에 주력했다. 대항해 시대를 지나면서 국가마다 각기 자신

의 국가를 기준으로 지구에 북극과 남극을 잇는 자오선 긋던 것을 통일할 필요성이 대두됐다. 저마다 자국의 수도를 지나는 자오선이 기준(0도)이 되길 바랐고, 각국이 치열한 경쟁을 벌인 끝에 1884년 워싱턴국제회의에서 영국 그리니치 왕립천문대를 지나는 선을 본초자오선으로 인정하게 됐다. 당시 시간의 기준도 명확하지 않았기 때문에 시간의 기준도 영국의 그리니치로 정했다. 즉 세계의 모든 시간대는 이곳 그리니치 표준시에서 몇 시간을 더하거나 빼서 결정되는 것이다.

과학이나 역사에서 차지하는 명성으로 미뤄 한국 교과서뿐 아니라 전 세계 지리나 과학 과목의 교과서에서 적어도 한번쯤은 언급되지 않았을까? 그래서 많은 학생이 견학을 오는 장소이기도 하다. 내가 갔을 때도 학교 운동복 차림의 한 무리의 학생들이 천문대로 향하고 있었다. 그다지 높지 않은 언덕을 올라. 그리니치 천문대. 정식 이름은 그리니치 왕립 천문대(Royal Observatoy)에 왔다. 1930년 런던의 스모그 등 공해가 심해 1945년 그리니치 남부로 이전했다가 다시 1990년 천문대 본부를 케임브리지로 옮겨 현재는 천문대로 사용되고 있지는 않다. 다만 입구에 Shepherd 24-hour Gate Clock, 즉 세계 시간의 기준이 되는 그리니치 표준시 GMT(Greenwich Mean Time)를 표시하는 시계가 놓여있어 이곳의 상징성을 보여준다.

특이한 점은 24시간을 표시하는 시계라 0시는 다른 시계와 같지만 다른 시계의 6시에 해당하는 지점이 오후 12시라는 것이다. 이 시계는 영국에서 섬머 타임이 적용되는 여름철에도 변함없이 그리니치 표준시를 가리킨다. 또한 시계 옆 철책 너머로 본초자오선(Prime Merdian), 즉 경도가 0인 지점을 볼 수 있다.
내부로 들어가려면 입장료를 내야 하지만 굳이 내부로 들어가지 않아도 그리니치의 상징성은 얼마든지 즐길 수 있는 것 같았다.

천문대 앞에 전망대가 조성돼 있어 망원경을 통해 런던의 풍광을 즐길 수 있다. 날씨가 맑으면 저 멀리 더 샤드를 비롯한 템스강 주변으로 늘어선 런던의 현대식 건물까지 보인다. 가까이로는 푸른 잔디밭 너머 국립해양박물관이, 그 뒤로는 그리니치대

학교가 보인다. 그리니치 천문대에서 전망을 바라볼 때 가장 눈에 띄고 많이 보게 되는 건물이 바로 대학의 쌍둥이 건물인 킹 윌리엄관과 퀸 메리관이다.

왕립 그리니치 천문대 박물관

토르와 말레키스가 공중전을 벌이는 '거킨'(Gherkin)

시티오브런던에는 멀리서도 보이는 반짝반짝 빛나는 거대한 오이 모양의 건물이 있는데, 바로 세인트메리엑스(30 St Mary Axe) 빌딩이다. 생긴 모양이 오이(gherkin)를 닮았다고 '거킨 빌딩'이라는 애칭으로 불린다. 토르와 말레키스가 공중전, 우주전을 벌이며 미끄러져 내리던 그 건물이다.

Re보험회사의 건물로 2003년에 지어졌다. 하이테크 건축가인 노먼 포스터의 작품으로 180미터, 높이 40층 규모인데 런던에서 최초로 친환경적으로 지은 초고층 건물이라고 한다. 각지지 않은 나선형으로 위로 올라갈수록 뾰족한 형태가 되도록 설계한 것도 주변 건물의 일조권을 방해하지 않고 자연광을 최대로 이용하기 위함이다. 이에 따라 낮에는 별도의 조명이 필요치 않다고 한다. 건물이 자연풍을 이용해 공기를 순환하도록 설계했고 열효율도 높여 냉·난방비를 절감할 수 있게 했다.

보험회사가 대부분의 층을 다 써서 일반인은 출입이 어렵고 상부층 레스토랑만 입장 가능하다. 레스토랑에 들어가는 절차도 꽤 까다롭다. 예약 확인, 신분 확인을 거쳐야 레스토랑으로 올라가는 엘리베이터를 탈 수 있다.

런던은 여행자 친화적인 도시다. 안내판을 정말 친절하고 편리하게 해놓아 여행객들의 길 찾는 수고를 엄청나게 덜어준다. 여기까지도 여행자 입장에서는 감사할 따름이지만 런던을 대표하는 커다란 상징물들이 꼭 필요할 만한 장소에 우뚝 솟아있어 이정표 역할을 해서 길을 잃으려야 잃을 수가 없게 한다. 거킨도 그중 하나다.

왼쪽 · 오른쪽 현대식 건물과 전통 건축 양식이 조화된 뱅크 지역

정장을 입은 런던 금융가 비즈니스맨을 보려면 뱅크 역으로

거킨의 등장으로 스카이라인이 바뀐 이곳, 바로 영국 금융의 발생지이자 미국의 월스트리트와 종종 비교되는 영국 금융산업의 중심지인 뱅크 지역이다. 지난 2007년 글로벌 금융위기가 몰아친 후 금융 강국의 위상에 치명타를 입었고, 글로벌 금융업계 회사들이 조금씩 사우스뱅크 지역의 카나리워프로 옮겨가면서 뱅크 지역 명성도 수그러들었지만 여전히 이곳이 영국 금융산업의 역사를 품고 있는 곳이고, 영국 금융하면 뱅크 지역을 떠올릴 정도로 여전히 그 위상을 유지하고 있다.

그래서 이곳은 구 왕립증권거래소(Old Royal Exchange), 영국중앙은행인 영란은행 등 역사를 품고 있는 고색창연한 건물들도 있고, 배관, 계단, 엘리베이터 등 주로 건물 안에 있던 부분들을 외부로 다 끌어내 마치 처음 보면 한창 공사 중인 것 같은 건물처럼 보이는 유럽 최대 보험회사 로이드보험의 본사나 거킨 빌딩처럼 창의적인 설계로 새로운 랜드마크로 떠오르고 있는 현대식 건축물들이 있다. 역사가 수백 년

구 왕립 증권거래소

된 고건물들과 최첨단 기술을 도입한 획기적인 설계의 건물들이 조화를 이룰 수 있을지 많은 사람이 우려했고, 실제 건물이 올라간 뒤에 건물의 건축을 담당한 건축가들이 엄청난 비난을 감수해야 했다고 한다. 뱅크 지역을 걷다보면 물과 기름처럼 전혀 어울릴 것 같지 않은 수백 년 된 건물과 최신식 건물이 바로 옆에 붙어있는 것을 종종 목격한다. 이젠 익숙해져서 과거와 현재의 조화라는 의견에 동의하지만, 처음 봤을 때는 '왜 저런 건물이 여기 들어섰을까? 전혀 조화롭지 않아.'라고 생각했던 것 같다.

거킨의 바로 앞에는 구 왕립 증권거래소가 있다. 뱅크 역 앞 광장에 멋진 주랑을 자랑하는 우뚝 솟은 건물이다. 건물 전면을 그리스 열주로 표현하고 내부는 열주 구조와 바로크 양식을 조합한 신고전주의 양식으로 1566년 상인 토머스 그레셤이 사재

를 투자해 만들었다고 한다. 이후 1571년 엘리자베스 1세의 칙허를 얻어 왕립 증권 거래소가 됐다. 최초로 지었던 건물은 1666년대 대화재로 소실됐으며, 이후 1838년 에 또 다시 화재로 불타 없어져 지금의 건물은 세 번째 건물이다. 정면 입구에 세워 진 청동 기마상은 워털루 전투에서 프랑스 나폴레옹 군을 물리친 영국의 영웅 웰링 턴 장군의 동상이다. 인근에 위치한 런던 브릿지의 재공사 비용을 웰링턴 장군이 보 증해줬고, 그에 따른 감사의 표시로 영국이 나폴레옹 군과의 전투에서 획득한 대포 를 녹여 이 기마상을 만들어 세웠다.

지금 런던 증권거래소는 뒤의 신식 고층 건물로 옮긴 상태다. 구 증권거래소는 현 재 다양한 금융업 회사의 사무실이 들어선 건물로 사용되고 있으며 1층에는 까르띠 에 등 화려한 고급 브랜드도 들어서 관광객들의 눈길을 사로잡고 있다. 지하에는 근 처 은행이나 금융회사를 다니는 비즈니스맨들이 점심시간 마다 옹기종기 모여 가는 레스토랑과 카페, 그리고 여러 브랜드숍이 들어서 있다. 그래서 정장을 멋지게 차려 입은 런던 비즈니스맨들을 보고 싶으면 이곳 뱅크 지역을 서성이거나 점심이나 저녁 증권거래소 주변을 배회하면 된다. 주변에 시티오브런던 지역을 묘사한 지도들이 군 데군데 걸려있기 때문에 구 런던증권거래소 건물은 찾기 쉽다. 건물 자체가 워낙 독 보적으로 화려해 이 지역을 걸어 다니다가도 발견할 수 있고, 튜브를 타고 온다면 뱅 크 역에 내리면 바로 눈앞에, 걸어서 1분 거리에 있다.

왕립 증권거래소 오른편으로 뻗은 300미터 정도의 거리는 롬바드 스트리트로 불린 다. 많은 은행과 보험 회사들이 줄지어 있는 거리이고 미국 뉴욕의 월가에 버금가는 런던 최대 금융 거리다. 이 거리는 로마가 런던의 기원인 런디니움을 건설할 때 만들 어졌는데, 에드워드 1세(1307~1272년) 때 이탈리아 북부의 롬바르디아 출신의 금 속 세공인들에게 주변 토지를 주면서 지금의 명칭을 갖게 됐다. 주변으로 영국 금융 기업들의 본사가 들어서면서 1980년대 금융가로 탄생하게 된 것이다. 롬바드 거리는 프렌처치 스트리트와 이어진다. 건물에 매달려있는 회사를 상징하는 문장들이 눈여겨 볼만 하다. 이 거리 곳곳에서 발견되는 황금 메뚜기는 왕립 증권거래소를 세운 엘리자베스 1세 때의 유명한 런던의 상인이자 시장을 역임한 Gresham의 문장이라고 한다.

영국 중앙은행

증권거래소를 마주보고 서서 왼편에 있는 궁전 같은 건물이 영국 중앙은행인 '뱅크 오브 잉글랜드'다. 영란은행은 '더 뱅크'라고도 불리며 뱅크 지역을 대표하는 장소로 여겨지고 있다. 1694년 대부업으로 시작해 역사가 300년이 넘은 세계에서 가장 오래된 중앙은행이다. 당시 영국은 프랑스 루이 14세와의 전쟁을 하고 있어 막대한 전쟁 자금이 필요했다. 영국 정부는 민간 자금을 빌려 이자를 지급하는 대부 방식을 제시했는데, 스코틀랜드인 윌리엄 패티슨이 이 제안을 받아들여 자본금 120만 파운드를 모아 주식회사 형태로 이곳을 창립했다. 실제 은행 건물이 올라간 것은 1734년이다. 당시 유명한 건축가였던 존 손이 설계를 담당해 1만 5,000평방미터의 신고전주의 양식의 웅장한 건축물이 탄생했다. 그런데 런던 대화재 등으로 훼손됐으며 1939년 지금의 건물로 재현됐다고 한다. 그래도 정면 곳곳에는 존 손의 손길이 느껴지는 아름다운 장식들이 곳곳에 남아있다.

2006년 런던을 다녀온 후 다시 방문한 것이 2013년. 8년 만에 런던에 가면서 그동안 지폐가 신권으로 바뀌었을 것이라고는 상상도 못했다. 뮤지컬 '위키드'를 보려고 빅토리아 스테이션 근처에 있는 위키드 전용 극장에서 20파운드짜리 지폐를 2장 냈는데 직원이 손을 내저으며 더 이상 통용이 안 되는 지폐라고 해서 깜짝 놀랐던 기억이 있다. 알고 보니 2010년에 20파운드 지폐가 새로 나와 이전에 만들어진 20파운드 지폐를 쓸 수 없게 된 것이다. 빅토리아 스테이션 근처에 있는 HSBC 은행 등, 큰 은행에 들렀지만 구권을 신권으로 바꾸기 위해서는 중앙은행으로 가야한다고 해서 얼떨결에 튜브를 타고 뱅크 역까지 와서 영란은행을 찾아가게 됐다. 여행 계획에는 있지 않은, 그래서 결코 올 일이 없던 곳을 우연한 기회에 오게 돼 더욱 기억이 남는 곳이다. 예상치 못한 일의 연속, 이런 게 여행의 묘미라는 생각이 들기도 했었다. 20파운드 구권을 신권으로 교환하고 외국돈을 환전해주는 곳은 1층에 있었는데, 역사가 오래된 런던의 여느 건물들이 그렇듯 인테리어는 어느 귀족의 저택에 온 것 같은 화려하면서도 아늑한 인상을 줬다.

이곳에는 300년 역사의 영국 은행 및 화폐의 역사를 감상할 수 있는 박물관이 있다. 은행 내부를 관람하려면 절차를 밟고 허가를 받아야 하지만, 박물관 관람은 특별한 절차 없이 가능하다. 박물관 입구는 은행 정문이 아닌 유리 빌딩 쪽으로 걸으며 버스 정류장을 지나 첫 번째 왼쪽 길로 좌회전하면 있다. 박물관에 전시된 금괴를 실제로 들어볼 수도 있다. 그런데 생각보다 무거워 들어올리기가 만만치 않다. 런던은 세계에서 가장 큰 금 거래소인 런던금속거래소(LME)가 있다. 그래서 금 대여거래나 금 스왑 등을 이용한 금융거래가 용이해 전 세계 중앙은행들이 영란은행에 자국 외환보

유액 가운데 금괴를 따로 떼어 예치하고, 금을 투자자들에게 빌려주고 이자 수익을 얻는 것으로 알려져 있다. 대신 영란은행에 금괴 보관료를 지불한다. 이에 따라 영란은행의 지하금고에 엄청난 '금괴'가 묻혀있어 경비가 아주 삼엄하다. 박물관에서 들어 올린 금괴는 어느 나라의 금괴였을까?

영국 중앙은행 박물관 내부

뱅크 역에 왔으니 길드 홀도 가보자. 뱅크 역에서 도보로 5분 정도 거리에 있다. 부의 축적으로 중세 막강한 권력을 장악했던 상인들의 길드(동업자조합) 연합본부다. 시티오브런던이 12세기 자치권을 획득한 이후 시티의 행정을 총괄하는 시청사로서의 역할을 담당했다. 1185년 초대 시장으로 로드메이어가 선출됐고 1319년에는 동업조합의 선거권 행정권이 정식으로 인정돼 조합에서 선출한 의원과 행정관이 시장을 선출하게 됐다. 지금은 시티오브런던이 런던 하나의 지역으로 귀속됐지만, 여전히 시티오브런던은 1년 임기의 명예직 시장을 뽑는다. 지금도 새로운 시장이 선출되면 선서를 하기 위해 왕립 재판소까지 퍼레이드를 하고, 길드 홀에서 수상이 참석하는 취임 파티가 열린다.

길드 홀

이곳 역시 런던 대화재와 제2차 대전 공습의 화마를 피하지 못했다. 중세 건물의 대부분이 소실됐고 그 시절 건물들은 지하실과 글레이드 홀 일부만 남아있다. 길드 홀 내부에 길드 홀 도서관이 있는데, 시티오브런던의 과거 명성과 런던의 역사를 볼 수 있는 판화와 도판 등이 전시돼 있다. 또한 16세기 이후에 나온 시계 700여 개를 모아둔 시계 박물관이 있다. 연중무휴에 입장료도 무료라 시티 지역을 방문하면 들러보는 것도 좋다.

OXO Tower

제인과 깜찍한 리처드의 소개팅 장소, OXO Brasserie

아스가르드로 돌아간 토르가 한참 동안 연락이 없자 상심한 제인이 다른 남자(리처드)와 소개팅을 하는 곳이다. 제인은 앞에 소개팅 남자를 두고 메뉴만 10분째 들여다보고 있다. 소개팅남은 하얀색 냅킨에 'Hi'라고 써서 제인이 방패 마냥 얼굴을 가리고 들고 있는 메뉴판 밑으로 짚어 넣는다. 그제야 제인이 메뉴판을 내려놓고 'Hi'라고 말한다. 남자는 제인에게 인내심을 가지고 관심을 보이며 이것저것 물어보는데, 제인의 생각은 온통 다른 곳에 있다. 헤어진 연인 이야기로 어색하게 대화를 이어가는 제인과 리처드, 그 순간 제인의 조수 달시가 난입해 근처에서 이상기류를 감지했다며 제인을 구출해 낸다.

런던아이에서 강을 따라 테이트모던 방향으로 가다보면 사우스 뱅크의 Oxo Tower

가 나오고 제인이 소개팅을 했던 레스토랑은 8층에 있다. 옥소 타워는 영국 유명 조미료 회사 옥소의 구 공장건물이다. 지금은 레스토랑과 갤러리들이 들어서 템스강의 새로운 관광 명소가 됐다. 건물은 다소 허름해 보이지만 많은 디자인샵과 갤러리, 커피숍 등이 들어서 있다. 8층에서 내리면 레스토랑과 바가 분리돼 있는데, 앞을 지키고 있는 직원에게 말하면 원하는 장소로 데려다 준다. 옥소타워에서 템스 강변을 내려다보는 경치가 끝내준다. 저 멀리 세인트폴도 보인다. 제인과 소개팅에서 리처드가 주문하려고 했던 농어도 실제 메뉴에 있고 가격은 세전 25파운드다. 운영시간은 평일 및 토요일은 12:00~23:00, 일요일 12:00~22:00, 창가 좋은 자리에 앉고 싶으면 전화로 미리 예약하거나 일찍 가는 게 좋다.

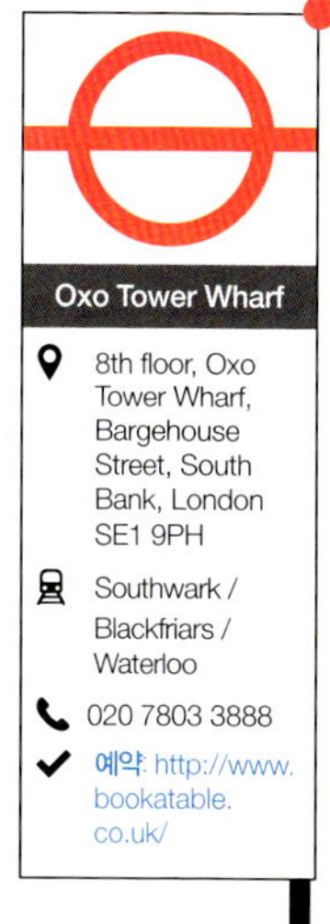

톰 히들스턴의 애정이 묻어나는 그곳, 사우스뱅크

옥소 타워가 있는 사우스뱅크 지역은 '토르'의 동생 '로키'로 나온 영국 배우 톰 히들스턴의 애정이 묻어나는 장소이기도 하다. 그는 영화 '토르'로 일약 스타덤에 올랐다. 주인공 '토르'의 동생 역이지만 전 세계적으로 토르 이상의 인기를 얻고 있다. 그는 지난 2013년 '토르 - 다크 월드' 홍보 차 한국을 방문하면서 한국 관객들에게도 익숙하다.

히들스턴은 런던, 특히 사우스뱅크에 대한 애정이 깊다. 그는 런던 웨스트민스터에서 태어난 런던 토박이로 13세 때 기숙학교인 이튼스쿨로 가기 전까지, 또한 케임브리지대학을 마치고 다시 런던으로 돌아와 성인시절 대부분을 런던에서 보냈다. 런던에서 사는 동안 그에게 사우스뱅크 지역은 휴식 공간 같았다고나 할까? 사우스뱅크에 대한 그의 애정은 델타항공 매거진 인터뷰에서도 여실히 드러난다. "살아오면서 수천 번 넘게 사우스뱅크를 따라 걷거나 산책하거나 뛰었을 거예요. 화려한 색감의 커뮤니티, 카니발 축제, 문화 공연 등이 일 년 내내 가득한 세상에서 가장 멋진 커뮤니티 가운데 하나죠. 사우스뱅크 지역의 다리 한 가운데 올라 동쪽을 바라보는 것이 제 생각에는 세상에서 가장 멋진 도시 경관이에요."

그는 주로 아침에 조깅을 하면서 사우스뱅크를 가슴에 품었다. "저는 주로 동이 트기 전에 일어나 달렸어요. 그렇게 하면 제 머리도 맑아지고 제가 마치 정육점의 개처럼 튼튼하게 느껴지도록 만들었어요. 아마 새벽 4시 쯤 됐을 거예요. 템스강에는 얼음이 떠다녔고 빅벤 위에는 눈이 쌓여있었어요. 그 순간 사우스뱅크는 완전히 제 것이었죠." 히들스턴이 사랑한 그곳의 풍경을 눈에 담고, 그의 감동을 느낄 수 있는 것만으로도 사우스뱅크 지역을 여행해야 하는 충분한 이유가 될 것 같다.

사우스뱅크 풍경

Old Vinyl Factory – 토르와 제인이 다시 만나는 곳

영화 '토르' 초반부에서 근처에서 이상기류를 포착한 제인과 달시, 달시의 인턴이 향하는 곳은 폐공장. 중력이 없는 곳도 있고, 물건을 떨어뜨리면 공간 이동을 하는 곳도 있다. 괴상한 현상에 끌린 제인은 신호가 가장 큰곳을 따라가는데, 어떤 힘이 제인을 빨아들이며 제인은 이상한 곳으로 공간이동을 한다. 거기서 바위틈에 봉인된 에테르를 접하게 되고 에테르는 제인의 몸 안으로 흡수, 동시에 에테르의 봉인이 풀리면서 악의 무리 말레키스는 힘을 얻게 된다. 제인은 아주 잠시 동안 정신을 잃은 줄 알았지만 실제로는 5시간이 흐른 후였다. 토르의 부탁으로 지구에 있는 제인을 지켜보던 헤임달이 제인을 놓친 것을 이상하게 여긴 토르가 지상으로 내려와 제인과 재회하는 곳이기도 하다.

제인과 토르가 재회한 영화 속 그곳은 웨스트 런던 헤이즈의 브라이스 로드에 위치한 올드 바이널 팩토리다. 바이널 팩토리는 영국의 엘피판을 제조(생산)하는 회사인데, 이후 다양한 음악·예술 산업으로 사업을 확장했다. 음반회사, 레코드판 프레스 공장, 갤러리 공간과 레코드샵 운영, 그리고 음악 잡지 발간까지 음악 관련 모든 분야를 아우르고 있다. 런던 소호에 위치한 Phomica 레코드샵, 미들섹스의 헤이즈에 위치한 오리지널 EMI 레코드판 프레스 공장 등도 바이널 팩토리 소유다. 예를 들어 EMI에서 낸 비틀즈 앨범 엘피판에서는 '매뉴팩쳐드 인 헤이즈'라고 적힌 것을 확인할 수 있을 것이다.

10

나이가 든
톰 크루즈도
멋지게 만든 런던

영화 '미션임파서블'(Mission Impossible)은 시나리오 작가 겸 프로듀서인 브루스 겔러가 창조해내고 제작한 미국의 텔레비전 시리즈이다. 공식적으로 국가기관이 나서지 못하는 힘든 업무만을 전담하는 가상의 미국 정부의 첩보 기구인 임파서블 미션 포스(Impossible Missions Force, IMF)가 현란하게 미션을 수행하는 과정을 다룬다. 영화에서 IMF는 미중앙정보국(CIA)의 하부 기관이자 외부에 알려지지 않은 비밀 기관으로 설정됐다. 따라서 주인공인 톰 크루즈를 비롯해 그의 동료들은 국가가 그들의 신분을 보장해주거나 확인해 주지 않는 '비공식 위장 요원'(Non - offical cover)으로 활동하게 된다.

영화로 나오기 전 미션임파서블은 1966년 9월부터 1973년 3월까지 CBS 네트워크에서 시리즈 드라마로 방송됐다. 이후 1988년~1990년 드라마 리메이크 작이 ABC 방송을 통해 방송됐다. 톰 크루즈 주연의 영화가 처음 나온 것은 1996년이다. 미션임파서블 5편이 2015년에 만들어졌으니 톰 크루즈는 20년 동안 5편의 미션임파서블 영화에서 IMF 소속 요원 '이단 헌트'를 연기해 오고 있다. 2015년에 개봉한 '미션임파서블 5:로그네이션'을 같이 보러 같던 친구가 말했다. "007시리즈도 제임스 본드를 연기하는 배우가 바뀌는데, 톰 크루즈는 미션임파서블 주인공을 20년째 하고

있어. 50세가 넘어서까지 말야야. 너무 욕심이 많은 거 아니야?" 톰 크루즈는 62년 생이니 2015년 기준 55살이다. 환갑을 바라보는 나이에 여전히 액션 영화 주인공을 맡았으니 욕심이 과하다고 해야 하나?

미션임파서블 1은 현란한 액션을 선보이며 미국 첩보 영화 시리즈의 화려한 시작을 알렸고, 2편 역시 1편의 성공에 힘입어 그럭저럭 선방했다. 그런데 개인적으로 3, 4편은 화려한 액션과 스케일은 여전했지만 뭔가 부족한 느낌이었다. 그런데 5편은 기대 이상이었다. 한동안 주춤하던 미션임파서블 시리즈가 5편으로 부활의 신호탄을 쏜 느낌이었다.

미션임파서블 5편을 재밌게 봤던 가장 큰 이유 중 하나가, 물론 스토리도 흥미진진했지만 내가 좋아하는 런던이 나왔기 때문이다. 카메라가 비추는 런던을 보는 것만으로도 기분이 좋아졌다. 정상적인 작동은 하지만 전통과 문화를 보존하기 위해 세워둔 의미가 커서 스마트폰 시대에 런던 사람들도 잘 쓰지 않는 빨간 전화 부스를 주인공 헌트와 그의 동료가 종종 사용하는 설정이 약간 어색하긴 했지만, 덕분에 런던 곳곳의 문화 아이콘들을 충분히 즐길 수 있었다. 적어도 나에게는 그 영화를 좋아하고 몰입도를 높이는데 런던이라는 공간이 제공하는 판타지가 크게 작용한 것이다. 물론 20년의 세월이 흐르는 동안 얼굴에 주름은 늘었을지라도 액션감은 여전한 톰 크루즈의 열연도 볼만하다. 이 정도라면 60대의 톰 크루즈가 연기하는 이단 헌트라도 기대할 수 있을 것 같다.

영국의 상징 빨간 전화박스,
레코드샵으로 변신한 세탁소

비행기 추격전으로 화려하게 문을 연 영화는 유명한 테마송이 흐른 후 이단 헌트(톰 크루즈)가 영국 런던 웨스트엔드 지역 피카딜리 서커스 역에서 나와 리젠트 스트리트를 따라 걸으며 작은 레코드샵으로 들어가는 모습을 따라간다. 이곳에서 헌트는 예상치 못한 사건을 맞닥뜨리게 된다. 영화 속에서 이곳은 재즈 음반을 감상할 수 있는 부스를 갖춘 전형적인 레코드 가게이지만, 실제로는 'Classi Clean'이라는 세탁소다. 영화 촬영을 위해 잠시 레코드샵으로 변신한 것이다.

영화에서는 런던 시내 곳곳에 있는 빨간 전화박스도 눈에 띈다. 헌트가 레코드샵에서 테러 세력에게 붙잡혔다가 탈출해 IMF에 연락을 취하기 위해 이용한 것은 빨간 전화박스다. 헌트가 이용한 빨간 전화박스는 피카딜리 서커스 북쪽에 있는 Great Windmill Street, London W1에 있는 것이다. 이 빨간 공중전화박스는 아직도 이용되고 있다고 한다. 영화 속에서는 실제 전화박스가 놓여있는 것보다 많이 설치해 놨다고 한다. 런던 곳곳을 담은 이 영화는 미국의 성공적인 상업영화 시리즈지만 런던 영화라고 해도 될 만큼 런던 구석구석을 담아낸다.

빨간 전화박스

일사의 비장함이 묻어나는 묘지, Earl's Court

런던에 오기 전 더블린에서 같이 살던 아이리시 친구에게 런던에서 고요하면서 평화롭고 거닐기 좋은 곳을 추천해 달라고 했더니 대뜸 '브롬프톤 묘지'를 추천했다. 아니 어떤 사람이 외국여행을 가서 아까운 시간을 으스스한 묘지를 둘러보는데 쓴단 말인가! 아주 유명한 인사들이 묻혀 있는 프랑스 파리 팡테온이나 영국 런던 웨스터민스터 사원이 아니고서는 말이다. 친구 앞에서는 그 말을 못하고 그냥 알았다고 하고 넘겼다. 런던에 와서는 그 친구가 귀띔해준 다른 곳들(공원과 햄스티드힐)을 열심히 다녔고, 브롬프톤 묘지는 머릿속에서 지워버렸었다. 잊고 지내던 그곳을 미션임파서블 5편에서 보게 됐다.

자신을 테러리스트 단체에 첩자로 집어넣은 영국 정부에 배신당한 미션임파서블의 여 주인공 일사 파우스트(레베카 퍼거슨)가 테러리스트 수장 솔로몬 레인을 만나는 곳이다. 가을에 영화를 찍었는지 화면에서는 노랗게 물든 은행잎이 빼곡히 매달린 은행나무들이 마치 잘 가꿔진 가로수처럼 늘어서 있어 가을 정취를 고조시킨다.

얼스 코트

영화에서 그 장면을 보는 순간 정말 예쁘다고 생각했다. 그리고서는 '내가 왜 지금까지 이곳을 몰랐지? 왜 런던에 있을 때 가보지 않았을까?'라는 탄식도 잇따랐다. 물론 은행나무 뒤로는 수많은 묘비들이 늘어서 있어 이곳은 틀림없이 공동묘지라는 것을 알려준다. 그런데 흩날리는 은행잎 뒤로 보이는 묘비들은 으스스하게 느껴지기 보다는 엄숙하고 아름다운 분위기를 고조시키는 배경일 뿐이라는 생각이 들 정도다.

브롬프톤 묘지는 1840년에 개장했다. 당시 19세기 중반에는 런던에 약 250만 명이 모여 살았는데, 기존에 있던 묘지들이 포화상태로 더 이상 수용할 수 없게 되자 런던 외각에 근대 묘지를 표방한 빅토리아 메트로폴리탄 묘지를 7군데 만들었고, 이곳도 그 중 하나다. 건축가 벤자민 보드가 마치 대규모 야외 성당의 느낌이 나도록 묘지 전체를 설계했다고 한다. 묘지는 크게 보면 정사각형 모양이고 남쪽 끝에 돔 모양의 교회가 있다.

어렸을 때 부모님을 따라간 증조할아버지와 증조할머니 무덤은 산의 외진 곳에 있었다. 산속 무덤까지는 차가 올라가지 못해 차에서 내려 음식을 들고 무덤까지 걸어 올라가야 했었다. 그래서 나에게 무덤, 묘지라는 것은 가기 힘든 곳, 가기 싫은 곳, 그리고 어둑어둑해지면 무서운 곳으로 각인돼 있다. 내 가족의 무덤이라도 선뜻 가지 않았던 터라 딴 사람의 무덤과 비석 사이를 걷는다는 것 또한 엄두가 나지 않는 일이었다.

그런데 브롬프턴 묘지는 뭔가 달랐다. 묘지가 아니라 녹음이 우거진 공원 같았다. 그리고 런더너들은 마치 공원을 산책하듯 이곳 묘지를 거닐었다. 묘지와 나무들이 양 옆으로 늘어선 길을 이어폰을 꼽고 조깅하는 사람, 손을 잡고 걸어가는 연인들, 한손엔 지팡이를 짚고 한손은 할아버지의 팔짱을 낀 할머니, 개와 함께 산책하는 중년 여성, 벤치에서 샌드위치를 먹는 양복 입은 남성, 자전거를 타고 지나가는 한 무리의

학생들 등 여느 런던 공원에서도 볼 수 있는 풍경이 여기서
도 자연스러운 모습이었다.

이곳에 묻힌 사람들은 20만 명이 넘는다고 한다. 다른 이들
의 무덤 앞에서, 죽음이라는 그림자 바로 앞에서 태연하게
일상을 즐기는 그들의 모습이 처음에는 조금 불편하게 느껴
졌다. 문화적 충격이라고 표현해야 하나? 그러나 묘지 사이
를 걷다보니 이렇게 죽음을 가까이하면 상대적으로 살아있
는 순간이 얼마나 소중한지 깨달을 수 있겠다는 생각도 들었
다. 별 기대 없이 들어갔다가 정신이 번쩍 들어 나온 곳이다.
그래서 더 기억에 남는다.

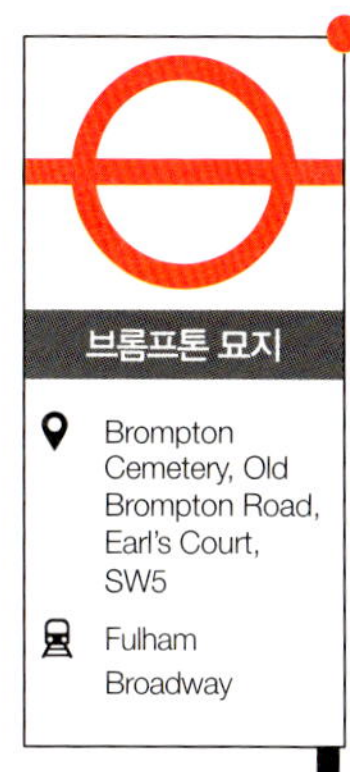

납치당한 벤지를 찾아라 – 킹스크로스 역

IMF 팀이 일사와 재회하고 그 순간 헌트의 동료 벤지(사이먼 페그)가 납치당하는 곳
이다. 이 장면에서 나온 킹스크로스 역은 플랫폼 4~8 사이에서 촬영됐다고 한다. 그
러나 영화에서 보였던 테이블과 의자, 공중전화박스 등은 원래 역에는 없던 것으로
영화를 위해 꾸민 것들이다. 실제 킹스크로스 역의 이 구역에 가보면 열차를 기다리
는 사람들 밖에 없다.

킹스크로스 역은 영국과 다른 유럽지역을 오가는 유로스타 역인 세인트판크라스 역
과 이어져 있다. 이 역은 영화 '해리포터'에 나오면서 일찌감치 유명해진 곳이다. 1편
인 '비밀의 방'에서 론과 해리가 기차를 놓치고 하늘을 나는 자동차를 타고 가는 장면

킹스크로스 역 외관

킹스크로스 역 내부

뒤로 비치는 웅장한 고딕건물 배경이 이곳이다.

해리포터 1편에는 해리가 론과 함께 호그와트로 가기 위해 9와 4분의 3 승강장을 통과하는 모습도 나온다. 실제 킹스크로스 역에는 승강장 9와 승강장 10이 있지만 그 사이에 9와 4분의 3 이라는 곳은 존재하지 않는다. 다만 해리 포터의 인기에 힘입어 9와 4분의 3이라는 플랫폼을 꾸며 관광객들이 앞에서 사진을 찍을 수 있도록 만들어 놓았다. 물론 아무리 손으로 벽을 밀어 봐도 해리나 론처럼 벽을 통과할 수는 없다. 그러나 돈을 약간 지불하면 직원의 도움을 받아 해리처럼 목도리 휘날리며 점프하는 사진을 찍을 수도 있다. 영화 완결편이 나온 지 시간이 좀 흘렀지만, 여전히 해리 포터의 인기는 대단했다. 영국 어린이들뿐 아니라 중국인, 일본인 등 아시아인 중고등학생, 성인들도 팔짝팔짝 뛰면서 포즈를 취하고 있었다.

영국 도서관

나는 런던을 방문할 때 숙소를 항상 킹스크로스 역 부근에 잡는다. 그 이유는 다른 유럽 지역으로 갈 때 편리한 유로스타 역인 세인트판크라스 역이 바로 옆에 있고, 영국의 다른 지역을 잇는 킹스크로스 역, 그리고 런던 시내 어디든 갈 수 있는 지하철이 연결돼 있는 교통의 요지이기 때문이다. 또한 은근히 볼 게 많고 고풍스럽고 조용한 동네라서 좋다. 마음먹고 걸으면 코벤트 가든까지 걸어갈 수 있다. 그리고 무엇보다 영국 도서관(브리티시 라이브러리)이 근처에 있어 좋다.

영국 도서관 외관

영국 도서관 내부

킹스크로스 역으로 나와 오른쪽으로 코너를 돌아 조금만 걸어가면 도서관 입구가 나온다. 옆에 있는 고딕 양식의 세인트판크라스 르네상스 호텔의 갈색 벽돌 건물과 어울리게 붉은 빛이 감도는 건물이지만 모던한 디자인이다. 영국 도서관은 영국의 3대 국립 도서보관소 중 하나인데, 이전에 영국박물관에 있던 부속 도서관, 국립중앙도서관(National Central Library), 국립 과학기술 대출 도서관(National Lending Library for Science and Technology), 영국 국립 서지학(British National Bibliography), 국립 소리 기록소(National Sound Archive)를 통합해 이곳에 도서관을 신축한 것이다.

고대 글씨를 쓰던 재료 파피루스부터 시작해 고
서들이 넘쳐난다. 2009년 기준 음악 자료까지 합
하면 1억 5,000만 권의 소장 자료가 있다고 집계됐
다. 새로운 책이 계속 들어오면서 그 규모는 계속 늘어
나고 있다. 각 층별, 종류별로 분류된 책들이 진열돼 있고, 베
토벤이나 쇼팽 등 유명 작곡가들이 작곡한 악보나 셰익스피어 자필 문장, 비틀즈의
친필 가사. 예술가 미켈란젤로의 필기, 레오나르도 다빈치의 스케치북 등이 있는 갤
러리도 있다. 특별 전시는 입장료가 따로 있지만 상설 갤러리는 일반에 무료로 개방
된다. 그러나 열람실은 도서관 카드를 만들어야 들어갈 수 있다. 영국 내 거주자가
아니면 도서관 카드를 발급 받기 까다롭다.

영국 도서관에서 무엇보다 눈길을 끄는 것은 도서관 입구에 들어서는 순간 눈앞
에 펼쳐지는 6층에 이르는 높이의 웅장한 유리 탑이다. 이 유리 탑에는 조지 3세
(1739~1820)가 기증한 8만 5,000권의 고서들이 빼곡히 채워져 있는데. 그래서 왕
의 도서관(King's Library)이라고 불린다.

그의 아들 조지 4세가 버킹엄 하우스에 부엌 공간을 확장하기 위해 부왕의 서재를
통째로 국가에 기증했다고 한다. 다만 조건을 붙였다. 부왕의 컬렉션을 모든 사람들
이 볼 수 있도록 항상 전시해야 한다는 것과 일반인들도 실제로 이용할 수 있어야
한다는 것이다.

이러한 조건에 따라 조지 왕의 컬렉션은 지하 서고에 있지 않고 이렇게 모든 사람들
이 볼 수 있도록 투명한 유리 탑에 꽂혀있다. 또한 단지 전시만 하고 있는 것이 아니
라 도서 열람 요청이 있으면 직원이 찾아다 이용자에게 전해준다. 고서는 역대 왕들
의 교육을 위한 고전. 성서 자료, 정치 자료 등인데 대부분 영어나 라틴어로 쓰여 있
고 필사본이 없는 가치가 높은 작품들이다. 특히 유명한 작품으로 쿠텐베르크 성경

(1454~1455), 제프리 초서의 캔터베리 이야기(1476~1477), 셰익스피어의 첫 희곡집 '퍼스트 폴리오'(1623) 등이 있다.

조지 왕의 컬렉션 중에 유리 탑에 꽂히지 못하고 단독으로 전시된 작품이 있는데, 바로 잉글랜드 찰스 2세의 왕정복고를 축하하기 위해 네덜란드 상인들이 선물한 세상에서 가장 큰 책인 '클렌크의 지도'(Klencke Atlas. 1660)다. 영국과 유럽 지도를 담았는데 높이가 1.75미터에 펼친 너비가 1.9미터에 달한다. 무게가 152킬로그램이나 돼 책을 드는데 세 명 이상이 동원된다고 한다.

이곳의 소장 자료들을 구경하는 것도 흥미진진하지만 내가 이곳을 특히 좋아하는 이유는 도서관 곳곳에 개인용 책상과 의자가 충분히 있어 굳이 열람실에 들어가지 않더라도 책으로 둘러싸인 안락한 공간에서 책이나 신문을 읽거나 글을 쓰고 개인적인 일들을 할 수 있다는 것이다. 나는 런던을 방문 할 때면 항상 아침에 이곳에 들러 2~3시간은 하루일과를 정리하거나 런던 여행길에도 어쩔 수 없이 들고 온 대학원 과제를 하곤 했다. 도서관 분위기가 마음을 편안하게 해줘서 그런지 머리도 잘 돌아가고 일도 척척 진행되는 느낌이었다.

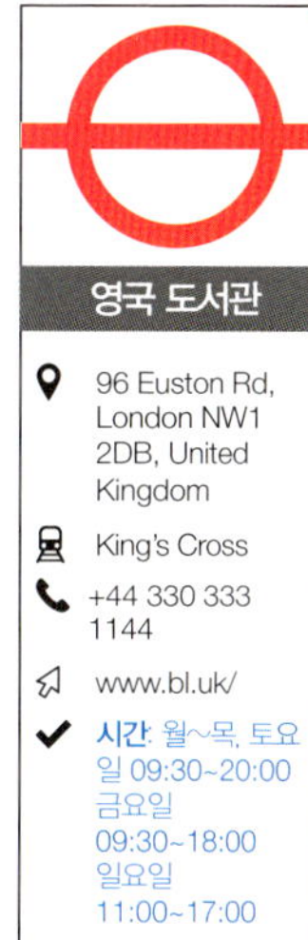

이렇게 사람이 많이 다니는 도심 거리에 도서관을 세우고, 누구나 쉽게 들러 책을 읽고 공부를 하고 싶도록 도서관을 꾸미고 분위기를 조성해 놓은 것을 보니 영국 국민들의 독서 습관이 그냥 생긴 것이 아니라 국가적 차원에서 책을 권장하는 시스템을 갖춘 것이 크게 기여했을 것이라는 생각이 들었다. 영국이라는 국가의 수준 높은 문화가 어떻게 발달될 수 있었는지 그 비밀을 살짝 엿볼 수 있는 기회였다.

타워 오브 런던

긴박했던 벤지의 구출작전 – 타워 오브 런던

헌트가 납치됐던 벤지의 몸에 부착한 폭탄을 제거하고 그를 구해내는 장면에서 뒤에
비치는 멋진 고성은 '타워 오브 런던'이다. 종종 '런던 탑'이라고 불리기는 하지만 일
반적인 탑이 아니라 여러 건물이 들어서 있는 큰 궁전이다.

영화에서 헌트가 벤지의 구출작전이 펼쳐지는 곳은 타워 오브 런던 앞의 템스 강변
에 있는 레스토랑 'al fresco'의 테라스 테이블이다. 그러나 실제로는 이 장소에 레스
토랑은 없고 영화 촬영을 위해 세트로 꾸민 것이라고 한다. 이 장소를 방문해보면 그
냥 넓은 공간으로, 날씨 좋은 날엔 관광객들이 타워브릿지나 타워 오브 런던을 배경
으로 셀카를 찍느라 아주 붐비는 곳이다.

타워 오브 런던

타워 오브 런던은 런던의 다른 어떤 명소보다 방대한 역사와 이야기가 담긴 곳이다. 1097년 정복왕 윌리엄이 왕위에 오른 직후 성을 짓기 시작했는데, 원래 런던 입구를 지키는 요새로 건설된 성은 약 1,000년에 걸쳐 증개축을 거듭하면서 요새, 왕궁, 감옥, 처형장 등 다양한 용도로 사용되면서 영국 역사와 뗄 수 없는 곳이 됐다. 영국의 역사나 중세의 건축양식을 알고 싶다면 방문하기 좋은 곳이다.

이곳은 영국 역사를 통틀어 가장 비극적인 삶을 살다간 '천일의 앤'이라고 불리는 엘리자베스 1세의 어머니 앤 불린(Anne Boleyn 생년 미상~1536) 때문에 더욱 유명해진 곳이다.

영국인들이 자랑스러워하는 황금시대인 튜더 왕조를 이끈 헨리 8세(HenryⅧ 1491~1547)는 1509년부터 1547년까지 약 40년간 잉글랜드를 통치했는데, 군주로서는 뛰어났을지 몰라도 남편으로서는 칭찬 받을만한 사람이 아니었다. 첫 번째 아내를 버리고 그녀의 시녀였던 앤 불린과 결혼을 결심하고, 로마 교황이 이혼을 반대하자 영국 국교회를 설립하면서 카톨릭 교회와 결별해버린다. 아주 떠들썩한 이혼을 거치고 많은 반대를 물리치면서까지 앤 불린과의 결혼을 강행하지만, 그녀가 아들을 낳지 못하자 간통 및 반역죄를 뒤집어 씌워 사형시킨다. 앤 불린은 왕의 눈에 들어 시녀에서 왕비로 신분상승을 했다가 단두대에 목이 잘려 인생을 마감한다.

앤 불린이 왕비로서 권력을 누리고 감옥으로 이용했던 탑에 갇히고, 참수를 당한 것이 다 이곳 타워 오브 런던에서 이뤄졌다. 보통 왕족이 죽으면 웨스트민스터 사원 같은 웅장한 성당에 화려한 비문과 함께 묻히지만 앤 불린은 죄인이라 비문도 없이 타워 오브 런던 내에 있는 예배당 'The Chapel Royal of St. Peter'(더 채플 로열 오브 세인트 피터)에 다른 죄수들과 함께 쓸쓸히 잠들어 있다. 여자의 인생으로서는 참으로 파란만장하다. 그나마 나중에 자신의 딸이 영국을 호령하는 여왕 엘리자베스 1세로 성장한 것이 위로가 될 수도 있겠다.

타워 오브 런던은 이밖에도 많은 유명인들이 피를 본 곳이다. 국왕을 수장으로 하는 영국의 독자적인 종교개혁에 반대한 토마스 모어, 딴 남성과 간통하다 들킨 헨리 8세의 다섯 번째 부인인 캐서린 하워드, 정치적 세력 간 다툼에 단 9일 동안만 여왕 자리에 올랐던 제인 그레이도 포함돼 있다. 타워 내부에는 여기에 갇혔던 사람들의 흔적이 남아 있는데, 여기에 새겨진 'Jane'이라는 이름을 제인 그레이가 억지로 여왕자리에 오르기 전의 남편이었던 길포드가 새겼을 것이라는 이야기도 전해진다.

이밖에도 어린 나이에 죽임을 당한 왕과 그의 동생에 대한 이야기도 있다. 1483년 에드워드 4세가 숨을 거두자 그의 아들 에드워드 5세가 12세 어린 나이로 왕위에 오르게 된다. 하지만 에드워드 4의 동생이었던 리처드는 에드워드 5세의 혈통에 대해 문제를 제기하고 자신의 추종자들을 내세워 어린 조카를 폐위하고 자신이 왕에 오른다. 그러던 중 에드워드 5세와 9살이던 그의 동생이 감쪽같이 사라지는 일이 발생한다. 당시 죽임을 당했다는 소문만 무성하고 그들의 행방은 묘연한 채로 200년이 흘렀다. 1674년, 타워 오브 런던 안에 있는 또 다른 성 화이트타워에서 작은 소년의 것으로 보이는 유골 2구가 발견됐는데, 에드워드 5세와 그의 동생의 것으로 받아들여져 영국 왕실의 최후의 안식처인 웨스트민스터 사원에 묻혔다. 1993년 이 유골을 다시 검사한 결과 10세와 12세 소년의 유골로 결론지었다고 한다.

곳곳에 이곳 역사와 관련한 스토리를 적어놓은 안내 표지가 있어 읽어보면서 다니면 구경하는 재미가 배가 된다. 또한 이곳에 왔으면 'Crown Jewels'(크라운 주얼)관은 꼭 구경해야 한다. 왕가에서 대대로 내려오는 화려한 황관, 대관식에만 쓰는 진귀한 물건 등, 눈이 저절로 가는 값비싼 보석들이 전시돼 있는데, 그 중에서도 500캐럿의 다이아몬드는 단연 압권이다. 헨리 8세 시대 무기와 갑옷 등을 전시해 놓은 화이트타워도 둘러볼 만하다.

런던탑은 크게 두 겹의 성벽으로 둘러 쌓여있다. 옛날에는 적들의 침입을 막기 위해 해자 도랑을 만들어 성 밖 주위를 둘렀지만 지금은 성 밖 주위 도랑은 사라지고 그 자리를 푸른 잔디가 대신하고 있다. 수많은 피를 목격한 런던탑이지만 현재의 모습은 아름답고 멋진 고성일 뿐이다. 성벽을 훌쩍 넘을 정도로 크게 자란 나무와 풍성한 덩굴들이 오히려 로맨틱한 분위기마저 들게 한다.

런던탑에 가기 위해서는 타워힐 역에서 내리면 된다. 튜브에서 내려 타워 오브 런던으로 표시된 이정표만 따라가면 역 밖으로 나오자마자 웅장한 성채의 모습이 눈앞에 나타난다. 타워 오브 런던은 1988년에 유네스코 세계문화유산으로 지정됐다.

▸ **티켓 정보**

For visits 1 March 2016 - 28 February 2017	Gate price*	Online rate*
Adult	£ 25	£ 23.10
Child (5-15 years) under 5s are free of charge. Children must be accompanied by an adult.	£ 12	£ 10.50
Concession Full-time student (16 years and over), disabled visitor, over 60 with ID	£ 19.50	£ 19.50
Family Up to 2 adults and 3 children (aged 5-15 years)	£ 63	£ 57.40
<u>**Annual membership**</u> <u>unlimited entry to five palaces</u>	From £ 48	

템플 기사단의 그곳 – 템플 처치

영화의 후반부에 헌트와 일사가 레인 일당과 최후의 승부를 벌이는 곳은 런던 템플 지역이다. 이들이 싸우는 장면을 유심히 들여다보면 기독교 건축물에서 종종 볼 수 있는 지붕이 있는 긴 복도, '회랑'이 비춰진다. 특히 일사가 레인 일당 중 한명인 빈터와 싸우는 곳은 '미들 템플'의 회랑이다.

템플 지역은 런던의 숨겨진 보물 같은 곳이다. 수많은 관광객과 인파로 북적거리는 주

미들 템플 회랑

템플 거리

템플 지역 입구

변 지역과 분리된 완전히 다른 세계다. 런던의 북적거리는 유명 관광지에 지쳤다면 이곳은 휴식 같은 시간을 제공하는 최상의 장소다.

템스 강변을 따라 걷다가 'The Temple'(더 템플)을 안내하는 이정표가 나오면 안내하는 대로 따라간다. 더 템플은 플릿 스트리트와 템스강 사이의 공간을 말하는데, 크게 법학원인 이너 템플과 미들 템플, 교회인 템플 처치로 구성돼 있다. 11세기부터 13세기까지 기독교인들과 이슬람교인들이 예루살렘 성지를 두고 싸웠던 십자군원정이 계속됐을 때 예루살렘에 다녀오는 순례자들을 보호하기 위해 수도승과 군사들이 연합한 템플 기사단이 결성됐는데, 템플 지역이 그들의 본부 역할을 했다. 중세의 전설에 따르면 그리스도가 최후의 만찬에서 쓴 술잔인 성배 역시 그들의 보호 아래 있었다고 한다.

템플 기사단이 기독교의 인정을 받으면서 왕과 제후 등 유력 기독교들이 많은 땅과 돈을 기부하며 세력을 크게 확장할 수 있었는데, 아이러니 하게도 이 때문에 몰락의 길을 걷는다. 프랑스의 필리프 4세가 이들에게 진 막대한 빚을 탕감하고 그들의 재산을 차지하기 위해 우상숭배 등의 죄를 씌워 기사단장을 화형시키고 해산시킨다.

이 과정에서 템플 지역은 십자군 3대 기사단 중 또 다른 한 곳인 성요한 기사단에 넘어가는데, 돈에 밝은 성요한 기사단은 이 지역 건물을 변호사와 법학도들에게 임대하는 등 부동산 사업을 활발하게 했다. 이것이 계기가 돼 여전히 이곳은 변호사 협회와 법률 연수원, 법률 관련 사무실 등이 들어선 법률 거리로 명성이 높다. 영국 중앙은행이 있는 시티오브런던이 경제활동의 중심지, 국회의사당이 있는 웨스트민스터가 정치의 중심지라면 런던의 4개 법학원 가운데 두 곳이 있는 템플 지역은 홀번 지역과 함께 법의 중심지로 통한다.

템플 지역 입구에서 철로 된 게이트를 지나 중세 건물과 건물 샛길로 들어간다. 길을 따라 쭉 올라와서 꺾어지는 곳에 이너 템플 가든이 있다. 안으로 들어가보면 아직 관광객들의 손때가 타지 않은 조용하고 예쁜 정원이 펼쳐진다. 곳곳에 벤치가 마련돼 있어 잠시 쉬어가는 것도 좋다. 템플 지역은 사이사이 좁은 길에 아름다운 공간들이 숨어 있어 길가다가 멈춰 넋을 잃고 바라보는 자신을 발견하게 될지도 모른다.

이너 템플 가든

템플 처치

템플 처치로 발길을 이동한다. 도시 한 가운데 있지만 크지 않은 규모에다 다른 건물들로 둘러싸여 있어 찾아가기도 어렵고 마치 요새 같은 신비감을 불러일으킨다. 템플 교회는 1185년에 지어졌는데, 일반적으로 영국에서 흔히 보기 힘든 원형 구조를 보인다. 이는 예수가 묻히고 부활한 예루살렘의 성 분묘 교회의 양식을 따온 것이라고 한다. 런던에서 세인트폴 성당 같이 돔 형태의 종교 건물에 익숙해져 있던 나는 뻥 뚫린 둥그런 지붕이 특히 인상적이었다. 교회당으로 들어가면 바닥에 기사들의 무덤이 있다. 12세기 말에 지어진 템플 처치는 세인트폴 성당을 건축하기도 한 크리스토퍼 렌이 17세기 내부 장식을 다시 꾸몄다. 그러나 제2차 세계대전 때 독일의 폭격으로 큰 타격을 입었는데 다행히 원형 처치는 살아남았다.

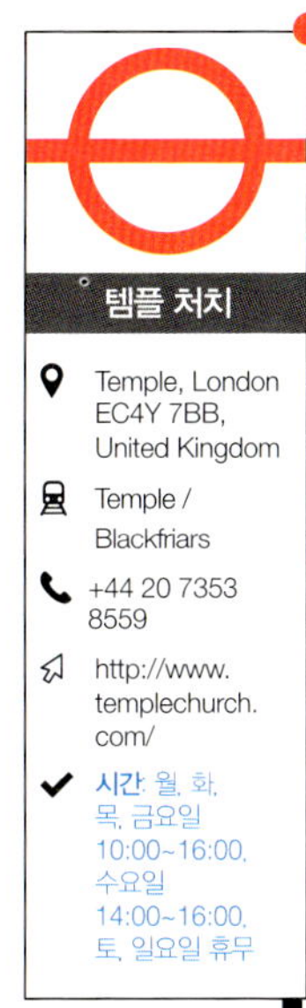

Part 2 런던 근교 여행

United Kingdom
Ireland
Dublin
Cambridge
London
Cornwall

#11

꼭 영원한 사랑이
아니더라도
the theory about everythig
- 케임브리지

영국의 케임브리지대학과 옥스퍼드대학은 사람들을 잡아끄는 매력이 있다. 세계 Top 10 안에 드는 명문 대학이라는 타이틀과 웅장한 중세 고딕 건물이 그대로 보존돼 있는 고풍스러운 분위기 때문이 아닐까 싶다. 그곳에 다녀오면 고즈넉하고 학구적인 분위기가 학구열을 자극하면서 답사만으로도 더 똑똑해질 것 같고, 입학하고 싶다는 열망이 강해지면서 더 열심히 공부할 수 있을 것 같은 기대도 한 몫 한다. 그래서 옥스퍼드와 케임브리지는 이곳을 방문해 자극받아 더 열심히 공부하고자 하는 학생들, 자녀들을 이곳에 보내려는 꿈을 가진 학부모 등 한국 관광객들도 많이 찾고 있다.

내가 2005년 처음 영국에 갔을 때 옥스퍼드를 방문한 것도 같은 이유다. 당시 나는 대학생이었는데 옥스퍼드대와 케임브리지대는 미국의 하버드나 예일대 못지않은 대학생들의 로망이었다. 아마 당시에는 케임브리지보다 옥스퍼드가 가기 편리해 옥스퍼드를 방문지로 골랐던 것 같다. 마치 내가 그 대학에 다니는 학생인양 착각에 빠져 옥스퍼드 거리와 학교 이곳저곳을 누비고 다녔다. 반나절도 안 되는 시간이었지만 꿈같은 시간이었다. 그리고 그때의 좋았던 기억을 잊지 못해 2013년, 2014년 두 번이나 더 갔다.

케임브리지 풍경

케임브리지 거리

옥스퍼드대와 케임브리지대는 역사도 깊다. 옥스퍼드대는 1167년 강의가 시작된 것으로 공식적인 기록이 있는 영어권에서 가장 역사가 오래된 대학이다. 케임브리지대는 1209년 옥스퍼드대 학생들과 지역주민들 간의 분쟁 후에 몇몇 학생들과 학자들이 케임브리지로 건너와 대학을 세운 것이 유래가 됐다. 케임브리지대는 처음에는 윈저 지역의 명문사학 이튼스쿨 학생들만 받다가 이후 점점 일반 학교 출신 학생들의 입학을 허용하게 됐다고 한다.

옥스퍼드대는 법학, 인문학으로 특히 명성이 높고 케임브리지대는 물리, 화학, 수학 등 이공계에서 걸출한 업적을 내고 인물들을 양성했다. 옥스퍼드가 규모면에서 좀 더 크고 시내와 외곽의 경계가 덜 분명한 반면, 케임브리지는 강줄기가 도심과 주변 지역의 경계를 비교적 뚜렷하게 나눈다. 도심 여기저기에 수백 년의 역사를 품고 있는 고풍스러운 대학 건축물들이 산재해 있는데, 마치 도심 전체가 과거의 어느 순간 시간이 멈춰버린 곳 같은 느낌이 들기도 한다.

옥스퍼드대와 케임브리지대는 비슷한 수준의 명성만큼 도시나 대학 분위기도 비슷할 것이라고 생각했다. 그래서 옥스퍼드를 여러 차례 방문했기 때문에 케임브리지대는 가지 않아도 될 곳으로 한참 동안 여겼던 것 같다.

그런데 영화 'The Theory of Everything'(2014)은 도저히 케임브리지를 가지 않고서는 못 견디게 만들었다. 천체물리학자 스티븐 호킹 박사의 사랑, 학문적 성공과 육체적 좌절 등의 자전적 이야기를 다룬 이 영화는 오프닝에서 어스름한 저녁 카메라는 고풍스러운 케임브리지 거리를 훑으며 운치 있는 건축물 사이로 자전거를 타고 가는 호킹 박사와 친구들을 비추는데, 케임브리지를 꼭 가야겠다는 결심을 하게 만들기에는 그 장면만으로도 충분했다.

뮤지컬 영화 '레미제라블'에 출연하면서 세계적인 청춘스타로 등극한 영국배우 에디 레드메인이 호킹을 완벽하게 재연하면서 영화의 흡입력을 높인다. 실제로 그는 케임브리지대 트리니티 컬리지에서 미술사학으로 학사 학위를 받았다. 물론 호킹 박사는 트리니티 홀에서 공부해 컬리지는 다르지만 그래도 케임브리지에서 공부했으니 외모뿐 아니라 학력에서도 닮은꼴 배우를 캐스팅한 셈이다. 레드메인은 이 영화로 미국 아카데미시상식에서 남우주연상을 거머쥔다. 이 영화는 정말 케임브리지대라는 배경이 없었다면 중요한 뭔가가 빠진 듯 허전했을 영화다. 마치 '케임브리지대에 대한 송가'라고 불러도 될 만큼 영화는 학교를 예쁘게 담아내고, 학교의 배경 역시 주인공들의 기쁨, 슬픔, 갈등 등을 표현하는데 적절한 도움을 준다. 호킹 박사가 물리학을 공부하고, 불어, 스페인을 전공한 첫 번째 아내 제인 와일드를 만나고, 이들의 사랑이 싹트고, 그의 불치병이 나타나고, 결국 이별한 그들의 이야기가 펼쳐지는 영화 곳곳에 애수 서린 건축물들, 거리, 광장 등 케임브리지대 곳곳이 등장하면서 장면의 분위기를 고조시킨다.

케임브리지대는 영화나 드라마 촬영 허가를 내주는데 까다롭기로 유명하다. 이곳은 학비가 비싸기로 유명한데 이렇게 거둬들인 학비로 대학 재정이 넉넉하고, 전통적으로 동산, 부동산 등 자산이 많아 굳이 학생들의 수업을 방해하면서까지 촬영지 제공

등의 수익 창출에 목을 매지 않아도 되기 때문이다. 그래서 이곳을 배경으로 한 드라마나 영화를 찾는 것은 쉽지 않다. 그런데 호킹 박사와 제인의 삶에서 케임브리지가 차지하는 무게로 봐서 영화의 배경으로 꼭 등장해야 했다. 제작사와 케임브리지시 당국, 케임브리지대학 간의 조율을 거듭한 끝에 대학 몇몇 실내 장소와 필요한 외관 촬영을 진행할 수 있었다고 한다.

2016년 4월 처음으로 케임브리지를 방문했다. 빅토리아 버스 역에서 버스를 타고 가면 케임브리지에 도착한다. 케임브리지에 도착해 버스 역에서 내려 시내로 걸어 들어가는 첫 느낌은 런던에서 봤던 온갖 고색창연하고 웅장하고 기품 있는 건축물들을 한 곳에 모아둔 것 같다는 것이었다. 30여 개의 캠퍼스가 도시 전체에 산재해 있다. 도시 전체가 궁전이나 고성, 또는 귀족의 저택 같은 근사한 건축물들에 둘러싸여 있는데 마치 다른 세계와는 분리된 곳 같다는 생각이 들기도 한다. 거주민의 절반 이상이 학생들인 만큼 인구학적으로는 젊은 도시다. 오래된 건축물들과 자칫 불협화음처럼 느껴질 수도 있는 젊은이들의 활기가 오묘하고 조화롭게 도시 전체를 감싼다. 이런 멋진 환경에서 공부하는 학생들이 정말 부러웠다.

도심 중심부를 조금 벗어나도 여전히 케임브리지대의 손길을 느낄 수 있다. 케임브리지의 연구와 연계해 진행되는 산학 프로젝트가 많아 이 도시 주변에도 엄청나게 많은 연구 단지들이 들어서 있다고 한다. 탁월한 대학 하나가 지역 경제를 완전히 먹여 살리는 것이다. 유동인구가 많아 집값도 런던만큼 비싼데다 삶의 수준도 잉글랜드 내에서 상위권에 속한다고 한다.

잠시 동안의 시내 구경을 마치고 이날 여정의 목적지인 케임브리지대학으로 향한다.

케임브리지대학교

케임브리지대학교는 1209년 세워진 학교로 역사가 800년 이상 된 영어권에서 가장 오래된 역사와 전통을 가진 대학 가운데 하나다. 총장은 현 엘리자베스 2세의 부군인 에딘버러 공 필립이며 31개의 컬리지로 이뤄진 연합체다. 트리니티 컬리지, 세인트 존 컬리지, 킹스 컬리지, 퀸스 컬리지 등이 많이 알려져 있다. 1274년 설립된 피터하우스 컬리지부터 1596년 사이에 설립된 16개의 컬리지를 '올드 컬리지'라고 부르고, 1800년 이후에 설립된 15개의 컬리지를 '뉴 컬리지'라고 부른다.

컬리지는 한국 대학처럼 자연과학대학, 인문대학, 사회과학대학 등 한 분야의 학문에 집중하고 연계된 전공 수업을 제공하는 단과대학 개념이 아니라, 하나의 독립적인 대학으로 봐야 한다. 모든 컬리지가 대체로 기본적인 전공과목들을 제공한다. 전통적으로 라틴어, 문법, 수사학, 논리학 등 3개 학과, 산술, 기하, 음악, 천문학 등 4개 과가 그것이며 시대가 변화면서 새롭게 추가되는 전공과목도 늘고 있다. 현재 컬리지 별로 제공하는 전공이 약간씩 차이가 있고, 특별히 더 집중하고 강한 분야가 있긴 하지만 컬리지 전체적으로 보면 건축·예술사·고전·신학·영어·언어학·음악·동양학·경제학·경영학·정치학·교육학·역사학·법학·철학·공학·지리학·지질학·수학·물리학·화학·고고학·인류학·생물학·임상의학 등의 과목을 다룬다.

컬리지는 대학의 재정 기본을 이루는 기부금을 납부하는 것 이외에는 교수, 학습, 관리 전반에 대해 자치권을 가진다. 기숙사 배정, 축제 등 학생의 복지와 생활까지 총체적으로 컬리지의 몫이다. 입학시험이나 지원 자격, 제출 서류 등이 컬리지마다 조금씩 다르다. 31개 가운데 현재 머레이 에드워즈, 뉴넘, 루시 캐번디쉬(이 컬리지의 경우는 만 21세 이상 여학생) 컬리지는 여학생만 받고, 클레어 홀, 다윈 컬리지는 학사 없이 석박사만 선발한다. 그래서 입학 지원을 할 때도 케임브리지대학으로 지원

을 하지 않고 자신이 전공하는 학과와 컬리지를 선택해 지원하게 된다. 31개 컬리지 가운데 자신이 가고 싶은 컬리지를 선정하고, 지원 조건에 맞는 서류들을 각각 제출해야 한다. 장학금도 컬리지 별로 신청해야 한다. 특히 유명한 동문을 배출한 곳, 장학금이 많고 기숙사 여력이 큰 컬리지가 학생들이 선호하는 컬리지다.

합격을 하면 케임브리지대의 어떤 학과 학생으로서의 자격도 얻는 한편, 동시에 하나의 컬리지에도 소속된다. 이에 따라 입학을 하면 학교에도 등록금을 내고, 자신이 속한 컬리지에도 등록금을 낸다. 강의는 모든 컬리지에 소속된 관련 전공 학생이 함께 모여 수업을 받는 형식이다. 예를 들어 경제학과 수업이면 트리니티 컬리지 소속 경제학과 학생, 세인트 존스 컬리지 소속 경제학과 학생, 킹스 컬리지 경제학과 학생 등이 모여 함께 수업 받는 식이다.

케임브리지는 특히 기본적인 강의 이외에 각각의 컬리지에 소속돼 있는 교수들이 자신이 맡고 있는 과목의 학생들에 대해 1~3명의 소수 정예로 개인교습을 해주는 전통적이고 독특한 교육방식으로 더욱 유명하다. 교수와의 1대1 수업을 바탕으로 하는 개인교습 수업은 학생들의 전공에 대한 이해를 돕는데 아주 큰 역할을 하고 있으며, 그만큼 케임브리지가 영국, 나아가 세계 곳곳에서 활약하는 인재들을 양성하는데 큰 애정과 노력을 기울이고 있다는 것을 보여주는 표본으로 여겨진다.

케임브리지대학교

The Old Schools, Trinity Ln, Cambridge CB2 1TN, United Kingdom

+44 1223 337733

www.cam.ac.uk

가는 방법: 런던 빅토리아 스테이션에서 내셔널 익스프레스 버스를 타면 2시간, 킹스 크로스 역에서 기차를 타면 1시간 정도 걸려 케임브리지에 도착한다.

세인트 존 컬리지

트리니티 홀 옷을 입은 세인트 존 컬리지

호킹 박사는 케임브리지대의 여러 컬리지 가운데 하나인 트리니티 홀(Trinity Hall)에서 공부했다. 영화 촬영 허가를 내주는데 까다롭기로 유명한 케임브리지가 촬영을 허가했지만 트리니티 홀은 학생들의 수업 등으로 촬영 허가를 받지 못했다고 한다. 그래서 호킹이 실제 공부했던 트리니티 홀 대신 트리니티 홀 내부 촬영은 세인트 존 컬리지(St. Jones College)에서 진행됐다.

그래서 가까워진 호킹과 제인이 파티에 참석해 같이 춤을 추면서 사랑을 속삭이는 'May Ball 축제'도 이곳 정원에서 촬영됐으며, 몸이 점점 무더져 가는 걸 느끼던 호킹이 결국 쓰러지는 것도 세인트존 컬리지의 '세컨드 코트'(Second Court)에서 찍었다. 흔히 수도원에서 자주 보이는 이렇게 사면을 둘러싼 형태의 건물을 케임브리지에서는 코트(court)라고 부른다. 특히 세컨드 코트는 균형이 잘 잡혀 있는 건물들과

섬세한 벽돌구조로 케임브리지에 있는 동일한 양식의 건물 중에서도 가장 탁월한 것으로 손꼽힌다고 한다. 붉은색의 벽돌 건물이 초록색 잔디, 파란 하늘과 어울려 멋진 풍광을 만들어 낸다.

세인트 존 컬리지 세컨드 코트

병세로 인해 쇠약해진 호킹이 제인을 밀어내자 제인이 호킹의 기숙사로 찾아온다. 제인은 호킹에게 마지막으로 자신과 크리켓 놀이를 하면 미련 없이 호킹을 떠나겠다고 말한다. 그래서 호킹은 비틀거리면서도 제인과 크리켓 게임을 하고 제인을 단념시켰다고 생각하는 호킹은 재빨리 자기 방으로 향한다. 호킹의 방으로 이어지는 나선형 계단은 실제 세인트존 컬리지의 뉴 코트(New court)에서 촬영됐다.

하늘을 찌를 것 같은 기세의 뉴 코트는 위로 올라갈수록 상부의 넓이가 좁아지는 모양인데 꼭 웨딩케이크를 닮았다고 해서 이곳 사람들은 이 건물을 '웨딩케이크'라고 부르기도 한다. 1831년에 지

세인트 존 컬리지 뉴코트

어진 이 건물은 당시로서는 매우 큰 건물이었
는데, 이는 19세기 초보다 많은 학생에게 숙
소를 제공해야 했던 컬리지 측의 필요가 반영
됐다고 한다. 뉴코트는 고딕 양식으로 지어
졌지만 중세 건축물을 로맨틱하게 표현한 것
으로 정확하게 고딕양식의 재현은 아니고 신
고딕 양식으로 분류된다.

세인트 존 컬리지 내부 나선형 계단

이튼스쿨과 맞먹는 명문사학 해로우 스쿨

해로우 스쿨

5 High St,
Harrow on the
Hill, Middlesex
HA1 3HP, United
Kingdom

Harrow-on-the-
Hill

+44 20 8872
8000

www.
harrowschool.
org.uk

이튼스쿨과 어깨를 나란히 하는 런던 북서부 해로우 힐(Harrow-on-the-Hill)에 있는 명문 해로우(Harrow Old School)도 트리니티 홀 내부를 재현하기 위해 사용됐다. 해로우는 BBC 드라마로 제작됐던 스티븐 호킹 드라마에서 호킹 역을 맡았던(지금은 드라마 셜록으로 더욱 유명한) 베네딕트 컴버바치가 나온 학교다. 배우로 성공해 학교의 이름을 드높인 공을 인정해 그의 이름은 이곳의 목조물에 새겨져 있다고 한다. 이 학교는 컴버바치 이외에도 윈스턴 처칠 등 여러 명의 영국총리, 상하원의원, 시인 바이런, 영화감독 리처드 커티스(노팅힐) 등 걸출한 인사들을 배출한 명문사학이다. 이곳의 교실은 해리포터 1편 '해리포터와 마법사의 돌'에 나오기도 했다.

탄식의 다리

뉴 코트를 정면에서 바라볼 때 왼쪽에 캠브리지대의 명물인 석조다리가 있다. 이 다리는 뉴 코트와 세인트존 컬리지의 써드 코트(Third Court)를 잇는다. 이 다리는 '탄식의 다리'(Bridge of Sighs)라고 불리는데, 베네치아에 있는 탄식의 다리처럼 지붕이 있어 이렇게 불린다는 얘기도 있다. 다리에 지붕을 덮은 것은 밤에도 학생들을 컬리지 담장 안에 머물도록 규정한

탄식의 다리

키친 브릿지에서 바라본 탄식의 다리

옛 학칙 때문이라고 한다. 그런데 지붕 덮은 것만 빼고는 베네치아 다리와 닮은 구석이 없다.

빡빡한 수업과 과제에 지치고 그래도 경쟁에서 살아남으려고 발버둥치는 학생들이 여기를 지나면서 한숨을 푹푹 내쉬기 때문에 이곳이 탄식의 다리라고 이름 붙여졌다는 설도 있다. 다만 다리 내부는 학생이나, 교직원, 학교에서 일하는 관계자들만 들어갈

케임브리지 강

수 있다고 한다. 방문객들은 다리 밑에 흐르는 낮은 수심의 강 위에서 돈을 내고 작

은 배를 빌려 강바닥을 밀고 지나가는 펀팅(punting)을 하면서 다리 아래를 통과할 수 있다. 탄식의 다리 맞은편에 호킹과 제인이 춤을 추며 사랑을 속삭이던 키친 브릿지가 보인다. 탄식의 다리는 학교 관계자들만 오갈 수 있으니 관광객들은 주로 키친 브릿지에서 탄식의 다리를 감상하고 사진 찍는데 만족해야 한다.

케임브리지 풍경

트리니티 컬리지

트리니티 홀과 이름 때문에 가끔 헷갈리지만 다른 컬리지다. 케임브리지대에서 가장 크고 유명한 컬리지로 여성 편력이 심했던 왕으로 기억되는 헨리 8세에 의해 1546년에 세워졌다. 이후 과학자 아이작 뉴턴, 시인 조지 고든 바이런, 수학자 버트런드 아서 윌리엄 러셀, 시

트리니티 컬리지 앞 뉴턴의 사과나무

인 알프레드 테니슨 등 같은 과학계, 문학계 등에서 굵직한 업적을 남긴 인물들을 배출했다. 현재 영국 왕위 서열 2위인 찰스 황태자도 이곳에서 공부했다. 특히 뉴턴이 만유인력의 법칙을 발견한 곳으로 더욱 유명하다. 뉴턴이 중력의 원리를 발견했다는 사과나무도 여기 있었다. 뉴턴은 1665년 여름 트리니티 컬리지 정원에 있는 사과나

무가 떨어지는 것을 보고 중력의 원리를 발견했다. 그러나 안타깝게도 뉴턴의 사과나무는 죽었고, 이후 링컨셔에 있는 뉴턴 생가에서 자란 사과나무를 꺾꽂이 해 상징적으로 이곳에 사과나무를 심었다고 한다.

킹스 컬리지 외관

킹스 컬리지

케임브리지를 방문했으면 이곳은 꼭 들러야 한다. 1441년 당시 왕이었던 헨리 6세가 설립해 King's College(킹스 컬리지)라고 불린다. 대학보다 부속건물인 교회가 더 유명한 곳이다. 무엇보다 높이 솟아있으면서 유럽에서 가장 아름다운 고딕양식 건물로 칭송되는 예배당 '킹스 컬리지 성당'이 볼만하다. 1547년 예배당이 완성되기까지 100년 넘는 시간이 걸린 만큼 내부와 외부 장식에 공이 들어간 건축물이다. 과연 어떻게 저런 모양을 만들어낼까 감탄사를 자아낼 만큼 복잡하면서도 일정한 규칙이 있는 화려한 천장에 눈길이 사로잡히고, 창문을 채운 형형색색의 스테인드글라스도 인상적이다. 다만 입장료를 지불해야 한다. 어른은 9파운드, 어린이와 학생은 6파운드다.

이렇게 수백 년 동안의 사람들의 숨결과 흔적들이 남아있는 장소가 잘 보존돼 있고,

영화의 배경으로 쓰이면서 영화의 감동을 배가시키고 세계인들에게 어필할 수 있다는 것이 부러웠다. 영화에 감동받아 촬영지를 내 눈으로 직접보고 느끼고 싶어서 케임브리지를 방문했다. 그곳에서 영화의 장면들을 떠올리며 걸어 다니니 케임브리지는 영화의 감동을 재현할 뿐만 아니라 인생에 대해 생각해보게 했다. 이렇게 800년이 넘게 그 자리를 지키고 있는 역사적인 장소에 서 있자니 소멸과 재생을 반복하는 거대한 우주 속, 그리고 장대한 인류의 역사 속에 한 인간의 인생이라는 것은 찰나의 순간에 지나지 않는다는 것을 깨닫는다. 특별히 두뇌가 뛰어나지도 않고 그렇다고 대단한 부자도 아니지만, 그래도 건강하게, 평범하게 살아가는 그 자체에 감사하게 된다. 한번쯤은 반나절 정도 시간을 내어 고즈넉한 케임브리지 거리를 걸으며 이런 저런 공상에 잠겨보는 것도 좋을 것 같다.

케임브리지대 컬리지 내부 복도

#12

'미스터 다시'
앓이에서 벗어나게 한
폴닥의 그곳 - 콘월

'폴닥'(Poldark)은 18세기 영국 잉글랜드 서남부 해안가의 콘월을 배경으로 작가 윈스톤 그레이엄이 1945~2002년 57년에 걸쳐 쓴 12편의 장편 소설 '폴닥'을 바탕으로 영국 BBC에서 제작한 드라마다. 지난 1975~1977년 BBC에서 한차례 드라마로 제작했다. 이후 영화 '호빗'에서 호빗의 친구 중 한명인 '킬리'로 등장해 대중에게 얼굴을 본격적으로 알린 아일랜드 배우 에이단 터너가 주연을 맡은 리메이크 드라마가 BBC ONE 채널을 통해 2015년 봄에 방영됐다. 영국에서 히트 친 드라마의 명성에 전 세계에 판권이 팔렸고, 한국에서도 EBS를 통해 폴닥이 방영됐다.

드라마는 18세기 후반 미국 독립전쟁 참전 후 고향으로 돌아온 주인공 로스 폴닥의 이야기가 큰 줄기다. 그가 떠나 있었던 3년이라는 시간은 그의 생각보다 많은 것을 변화시켰다. 그의 가족과 친구들은 전쟁 중 그가 죽었다고 생각하고 있었고 사랑했던 여인도 그의 사촌과 결혼을 약속해버린 상황이었다. 설상가상으로 그의 아버지도 죽고 상속받을 유산도 남아있지 않았다. 로스는 고향에 돌아왔지만 자신을 위해 남아 있는 것이 아무것도 없는 고향을 낯설어 하면서 방황한다.

이 드라마의 흡입력을 높이는 것은 무엇보다 드라마를 소개하는 수식어가 '역사극'

보다 '고전 로맨스물'이 더 적합하다고 생각될 만큼 보는 사람을 설레게 하는 로스와 그의 아내 드멜자의 사랑이다. 로스는 불의를 보면 충동적으로 뛰어드는 성격이라 약간 무모하게 비춰지지만 대체로 호기롭다고 평가받을 만한 정의감을 갖춘 인물이다. 목표가 있으면 어려움이 보이더라도 의지와 추진력으로 밀어붙이는 강단 있는 남성이다. 사랑하는 연인 엘리자베스와의 감정을 그녀가 다른 사람의 연인이 된 이후에도 소중히 여길 만큼 지고지순한 순정파이기도 해서 간간히 자신의 애정전선과 남의 애정전선에 문제를 일으키기도 한다. 그러나 대체로 자신보다 비천한 사람이라도 그들의 인간성과 장점을 알아보고 고마워할 줄 알고 궁극에는 사랑할 줄도 아는 넓은 마음을 가졌다. 그가 드멜자를 사랑하게 된 것도 이런 그의 심성 때문이다.

로스와 드멜자의 인연은 드멜자의 개가 시장에서 억지로 개싸움에 말려들면서 어려움에 처한 드멜자를 로스가 구해주면서 시작된다. 로스는 폭력적인 아버지 밑에서 살아가는 드멜자를 자신의 집으로 데려오고 부엌에서 일하는 하녀로 고용한다. 소설을 보면 그때 그의 나이는 23~24세, 드멜자는 13살이다. 그렇게 4~5년이 흐른다. 집안일도 잘하고 자신이 시키지도 않은 일도 알아서 척척 하고, 그의 기분도 세심하게 배려하는 드멜자가 조금씩 로스의 마음속으로 들어오기 시작한다. 사랑했던 연인 엘리자베스를 그리워하는 마음을 여전히 간직한 채, 처음에는 단순히 외로움을 달래기 위해 아내로 받아들인 그녀가 점점 그의 인생에 없어서는 안 될 존재가 돼 가는 것이다.

'로스 폴닥'이라는 인물이 드라마에서 얼마나 매력적으로 그려졌는지 제인 오스틴의 원작 드라마 '오만과 편견'(BBC, 1995)에서 '미스터 다시' 역을 맡았던 콜린 퍼스에 홀딱 빠졌던 영국 여성들의 팬심이 폴닥 역을 맡은 아이단 터너로 돌아섰다는 평가까지 나올 지경이다.

그래서 그동안 별다른 히트작이 없던 터너는 이 작품으로 스타 반열에 올랐다. 그에 대한 영국인들의 관심이 어느 정도냐면 폴닥 시즌 1에서 그가 웃통을 벗고 낫질을 하는 장면이 나오는데, 이에 대해 그의 가슴털이 진짜인지 가짜인지 인터넷에서 뜨겁게 논란이 됐고, 그의 스타일리트가 가슴털의 진위 여부에 대해 직접 해명하면서 사건이 마무리됐다고 한다. 또한 그가 했던 낫질이 잘못된 것이라고 가드닝 전문가들이 지적하면서 드라마의 옥의 티로 꼽히는 해프닝이 있기도 했다. 드라마에 대한 관심이 없고 보는 사람들이 적다면 이같이 사소한 일 하나 하나가 부각되고 언론과 네티즌의 주목을 받는 일은 없을 것이다.

이밖에도 드라마는 산업혁명이 무르익던 1700년에 후반과 1800년대 초반의 격변하는 시대에 로스 폴닥 가족과, 그 주변 인물의 관계를 다루며 다양한 인간군상에 대한 묘사, 그리고 그들 간의 사랑, 갈등, 질투 등 인간이기 때문에 어쩔 수 없는 감정들, 사회 변혁기의 계급간의 갈등과 도전을 탁월하게 영상으로 풀어낸다. 영국에서 방영될 때 매회 평균 800만 명이 넘는 시청자들이 봤다고 한다. BBC 채널 ONE의 1분기 시청률 가운데 10년 동안 가장 높은 수치를 기록하면서 BBC 역사극의 역사를 다시 썼다고 한다. 드라마 인기에 힘입어 2016년 폴닥 시즌 2의 방송이 확정됐다.

콘월에서의 잠깐의 휴식

또 하나, 이 드라마를 무엇보다 매력적으로 만드는 것은 드라마 배경지의 멋진 풍광이다. 영국 잉글랜드 서남부의 콘월에서 촬영됐는데, 황량한 들판, 맑고 푸른 바다와 하늘이 대비되며 인간의 손이 닿지 않은 듯한 자연 그대로의 모습이 아름다움을 자아낸다.

드라마의 인기에 콘월 지방도 새롭게 각광받고 있다. 런던에서 기차로 3시간 반 정도 걸리는 이곳은 영국인들의 휴양지로 알려져 있지만, 잉글랜드의 한 지방에 불과한 콘월이 전국적으로 이름을 알리고 유명해진 적은 없다. 콘월 지방 정부 차원에서도 관광객 유치를 위해 폴닥과 콘월을 연계해 적극적으로 홍보 중이다. 폴닥 촬영지 지도도 나오고 촬영지를 둘러보는 관광 상품까지 등장한 상태다. 드라마 한 편으로 지역경제 활성화 붐이 일어나고 있는 것이다.

시즌 1 촬영 때까지만 해도 원작 소설 팬들만 간혹 찾아왔지만 시즌 2 촬영에는 찾아오는 팬들이 급속히 늘었다. 극중 로스의 윌레져 광산으로 나오는 레번트 광산 뿐만 아니라 St. Breward 동네에 있는 폴닥의 집, '남파라'로 나오는 코타지도 촬영을 하지 않을 때는 관광객으로 북적인다. 시즌 1에서는 콘월 촬영지 여기저기서 배우들이 그냥 드러누워 잠시 짬을 내 휴식을 취하거나 잘 수 있었는데, 시즌 2 촬영에서는 팬들과 파파라치 때문에 주연 배우들은 촬영장에서도 경호원의 보호를 받는다고 한다.

런던에서 콘월로 가는 길에는 오로지 풀밭과 양떼들만 가득하다. 콘월에 가까워질수록 런던에서 볼 수 없는 잔잔한 바다와 아름다운 해안절벽이 펼쳐진다. 콘월에 발을 디디는 순간 맑고 상쾌하다는 느낌이 가슴을 파고든다. 콘월은 지역별로 조금씩 다른 모습의 다양한 분위기가 있다. 동쪽에는 어느 상류층의 저택일 것 같은 호화로운 주택들이 여유롭게 듬성듬성 있고, 바닷가와 맞닿은 서쪽에는 사람의 손이 닿지 않은 자연 그대로의 모습을 간직하고 있다. 콘월의 동부 거리와 골목은 휴가철만 아니면, 그리고 폴닥의 촬영지만 피하면 사람도 별로 없다. 한적한 마을의 주민인 마냥 편안하게 다닐 수 있다. 내가 찾았던 봄날의 콘월 날씨는 맑고 푸르렀다. 해변에 앉아 마냥 시간을 보내고만 싶었다. 그런데 콘월 지방의 평온한 날씨가 드라마 촬영에는 도움된 것만은 아니라고 한다. 드라마 전개상 폭풍우나 구름이 잔뜩 낀 하늘을 찍어야 하는데, 촬영 내내 날씨가 좋아서 나중에 CG로 구름을 넣기도 했다고 한다.

'이런 한적한 곳에서 한없이 시간을 보내며 여유를 만끽하고만 싶다. 저곳에 예쁜 저 집이 내 소유였으면 좋겠다. 아무런 농작물도 생산해내지 못할 것 같은 황량하기만 한 저 넓은 들판도 내 것이었으면 좋겠다.' 이런저런 공상에 잠겨 며칠을 보냈다.

딱히 생산적이라고 할 만한 일들은 아무것도 하지 않으면서 오로지 휴식에만 집중하고 시간을 보내니 문득 휴양지는 나에게 딱 일주일 정도면 적당한 것 같다는 생각이 들었다. 햇빛을 쬐면서 책을 읽고, 들판에 누워 일광욕하고, 바다를 감상하고, 카페에서 차를 마시고, 골목을 걸어 다니고. 이런 조용하고 평화로운 삶도 일상이 되면 가치가 반감되는 것 같다. 적어도 나에게는 말이다. 어느새 번잡한 도시의 삶, 그곳에 있을 때는 벗어나고 싶어서 한없이 버둥거렸던 그곳으로 다시 돌아가고 싶어 하는 나를 발견하게 됐다. 그러니 이곳은 열심히 일한 도시인들이 별장을 두고 휴가를 즐기기 위해 잠깐 들르는 휴양지로서의 역할이 적합한 곳인 것 같았다.

오른쪽 위 **폴닥 촬영지 가운데 하나인 포스과라**
(출처: St Aubyn Estates Holidays (www.staubynestatesholidays.co.uk). Visit Cornwall)

오른쪽 아래 **콘월 남부 포웨이 중심가**
(출처: Paul Watts, Visit Cornwall)

드라마 '폴닥'의 원작 소설

드라마 '폴닥'은 윈스톤 그레이엄이 쓴 소설 '폴닥'을 바탕으로 만든 드라마다. 그레이엄은 1945년 폴닥 1편을 낸 뒤 57년에 걸쳐 시리즈를 썼으며, 2002년 12편을 내고 완결했다. 아름다운 영상미를 곁들여 책 속의 주인공들을 생생하게 재현해낸 드라마도 물론 재밌다. 그리고 이 드라마로 인해 폴닥을 알게 되고 콘월에 빠져든 것도 사실이다. 그런데 기회가 되면 폴닥 소설도 전편으로 읽어보는 것도 좋을 것 같다. 영어 원작은 이미 12편이 나와 있고, 2015년 BBC 제작 드라마 인기에 힘입어 폴닥 1권 '폴닥'과, 2권 '드멜자'는 표지에 BBC 드라마 주인공 얼굴을 넣어 다시 발간하기도 했다.

폴닥 드라마가 재미있어 원작을 찾아 읽어봤는데, 큰 줄기는 로스 폴닥이라는 주인공의 인생 여정이지만 권수가 늘어갈 수록 새로운 인물이 등장해 사건을 더욱 흥미진진하게 만든다. 꼬리에 꼬리를 문 듯 촘촘히 잘 짜인 스토리 라인과 장대한 스케일도 감탄을 자아낸다.

무엇보다 드라마에서는 한정된 방영시간 때문에 어쩔 수 없이 축약해 표현한 인물들의 감정, 관계 등이 소설에는 정말 세세할 정도로 섬세하게 표현돼 있다. 특히 놀랐던 점은 남성 작가인 그레이엄이 여자 주인공들(드멜자, 벨티, 엘리자베스)의 감정을 어떻게 그렇게 어색하지 않게 표현했는가이다. 인물들의 복잡한 감정 흐름을 나라도 그 상황이면 그렇게 느꼈을 거라고 공감이 갈 정도로 탁월하게 묘사했다. 역시 작가는 그냥 되는 게 아닌가 보다.

#13

런던에 오면
꼭 이것만은

뮤지컬 공연 보기

내가 영국을 처음 방문한 것은 지난 2005년 11월이다. 난 당시 9월부터 네덜란드 라이덴(Leiden)대학교에서 교환학생을 하고 있었는데, 중간에 수업이 비는 한 주 동안 런던으로 여행을 갔다. 네덜란드 말고는 처음으로 유럽 땅을 밟은 순간이었다.

11월 런던은 유난히도 스산했다. 영국은 겨울에도 0도 이하로 내려가는 일이 거의 없고, 그때도 10도 안팎에 그쳤던 것 같았는데 바람과 추적추적 내리는 비가 문제였다. 네덜란드 아인트호벤 공항에서 저가항공인 라이언에어 기항지인 런던 스탠스테드 공항에 내릴 때 까지만 해도 태어나서 처음 책으로, 영화 또는 드라마로만 봐왔던 영국, 런던을 간다는 생각에 무척이나 설레었다. 그러나 공항을 나오는 순간 마치 내가 영국에 온 것을 반기지 않는 것 같은 강한 바람이 나를 맞았다. 공항버스를 타고 2시간여를 달려 런던 시내에 들어갈 때까지 창밖은 풍경을 제대로 구경할 수 없을 정도로 강한 비가 내렸다.

몰아치는 비바람처럼 계속 우울할 것만 같던 2박 3일의 런던 여행을 환하게 밝힌 것

런던 웨스트엔드 거리

은 이튿날 저녁에 본 뮤지컬 '빌리 엘리어트'였다. 친구와 빅토리아스테이션 옆에 숙박을 하게 된 것도 그곳이 런던 뮤지컬의 양대 축인 웨스트엔드 거리와 빌리 엘리어트 전용관 근처였기 때문이다. 한국에서 영화 '빌리 엘리어트'를 정말 재미있게 봤고 뮤지컬의 본고장 런던에서 뮤지컬로 만들어진다는 소식에 런던에 가면 꼭 보겠다고 다짐했던 공연이었다.

당시 당일 티켓을 저렴하게 파는 데이시트 티켓을 15파운드를 주고 샀다. 제일 앞줄이라 고개가 조금 아팠지만 나쁘지 않은 좌석이었다. 출연진들의 표정을 생생하게 볼 수 있는 것이 무엇보다 장점이었다. 물론 배우들이 대사를 할 때 바로 앞에 있다 보니 침을 맞는 단점이 있긴 하지만 말이다.

서툰 영어실력에, 그것도 그때가지 영어를 배우며 익히 들어왔던 런던 영어가 아니라 공연의 배경인 맨체스터 지역의 억양이 가득한 출연진들의 대사를 알아듣는 건 쉽지 않았다. 그럼에도 난 어느 순간 감동해 눈가가 젖었다. 영화를 미리 보고 간 덕분에 줄거리를 알고 있던 것이 대사를 알아듣지 못해도 내용을 이해하는데 분명 도움이 됐을 것이다. 그러나 무엇보다 발레 소년의 마음속 깊이 묻혔던 열망이 조금씩 밖으로 표현되는 과정을 절묘하게 포착한 연출과 소년의 마음을 대변하는 아름다운 뮤지컬 스코어가 가슴을 울렸기 때문이라고 생각한다.

런던 뮤지컬 공연장 내부

뮤지컬 공연 한 편으로 큰 감동을 느끼고, 좋은 에너지를 받고 오니 이번 여행에서 이것만으로도 참 많은 것을 얻었다는 생각이 들었다. 뮤지컬에 대한 감동과 더 많은 뮤지컬을 보고픈 열망에 네덜란드에 있는 1년 동안, 이후 아일랜드에 있는 1년 동안 런던에 수시로 들렀다. 문화가 사람을 감동시키는 힘, 그래서 사람의 발길을 이끄는 힘을 런던에서 느꼈다.

로열 앨버트 홀에서 클래식 만끽하기

런던에서 만끽할 수 있는 수준 높은 공연 중에 꼭 권하고 싶은 것은 '로열 앨버트 홀'에서 열리는 'BBC 프롬스'다. 영국 공영방송 BBC가 클래식 대중화를 위해 매년 여름 전 세계 유명 오케스트라를 불러서 여는 클래식 축제다. 다만 여름 7~8월 약 30일간 한시적으로 열기 때문에 날짜를 잘 맞춰서 가야 한다.

여왕 지정석과 값비싼 좌석도 있지만 주머니가 가벼운 사람들이 눈여겨 볼 것은 가장 저렴한 입석이다. 앨버트 홀 맨 위의 발코니나, 1층 중앙홀 무대에서 의자 없이 서서 볼 수 있는 표가 5파운드다. 1층 무대 앞 홀이 무대와 가깝기는 하나 사람들이 많이 모여 있을 때는 다리가 아파도 바닥에 앉기 어려운 단점이 있다. 발코니석은 대리석 위에 가져온 담요 등을 깔고 앉거나 심지어 누워서 공연을 감상할 수 있지만 무대와 거리가 멀어서 지휘자나 공연자의 표정, 몸짓 등을 감상하기 어렵다는 단점이 있다.

로열 앨버트 홀 외관

로열 앨버트 홀 내부

나는 2014년 8월 런던에 갔을 때 프롬스 공연을 갔었다. 당시 지휘자 정명훈이 이끄는 서울시향이 로열 앨버트 홀에서 공연하는 역사적인 날이었다. 당시 학생 신분이라 주머니가 넉넉지 않았던 나는 5파운드를 내고 입석 공연을 보기로 했다. 그런데 입석도 아무나 구할 수 있는 것이 아니었다. 오후 7시 30분에 공연이 시작되는데, 두 시간 전인 5시 30분부터 입석을 구하기 위한 긴 줄이 매표소에서부터 시내 쪽으로 늘어서 있었다. 어린 아이들과 엄마, 아빠로 구성된 가족, 연인, 교복 입은 학생들이 삼삼오오 모여 줄 서 있었다. 그야말로 런던에서는 클래식 공연문화가 대중화돼 있다는 것을 느낄 수 있는 순간이었다. 또 하나 신기했던 점은 이들 대부분이 슈퍼마켓 체인인 '막스 앤 스펜서' 봉투를 들고 있는 것이다. 확인해보지 못했지만 막스앤스펜서 샌드위치가 유명해서 그렇거나 근처에 샌드위치를 파는 슈퍼마켓이 막스앤스펜서 밖에 없기 때문일 것으로 짐작했다. 줄을 서 있는 시간이 저녁 시간대였는데, 이들은 이런 일이 익숙한 듯 막스앤스펜서에서 산 샌드위치, 샐러드, 과일, 음료수 등을 꺼내 먹으면서 수다를 떨면서 대기 시간을 즐겼다. 혼자 클래식을 즐기러 온 사람들도 종종 눈에 띄었는데 이들의 손에도 여지없이 막스앤스펜서 봉투와 책 또는 잡지가 들려있었다.

그런데 문제는 이렇게 오랫동안 줄을 서 있어도 모두 다 입장할 수 있는 것은 아니라는 점이다. 입석은 200장으로 제한돼 있다. 내 앞에 이미 긴 줄이 있어 불안한 마음으로 2시간여를 기다린 뒤 드디어 입장! 설레는 마음을 가득 안고 앨버트 홀에 들어섰다. 내가 산 5파운드짜리 표는 꼭대기 층에 있는 발코니석에서 감상하는 표였는데 정문이 아닌 옆문을 통해 입장했다. 한 5층 높이 되는 계단을 끊임없이 올라가자 발코니가 등장했다. 발코니석에서 내려다보는 앨버트 홀은 정말 화려하고 웅장했다. 서울에서도 예술의전당에서 클래식 공연을 종종 봐왔었다. 그런데 런던필하모닉, BBC 필하모닉 등 유수의 오케스트라를 보유한 만큼 클래식에 애정이 각별하고 투자를 많이 하는 도시, 런던이라는 공간이 주는 분위기 때문인지, 로열 앨버트 홀이 클래식을 감상하기에 최적화된 음향시설을 갖춘 덕분인지, 런던이라는 타지에서 한국인 지휘자와 공연자들을 볼 수 있다는 가슴 벅참 때문인지, 클래식을 잘 모르는 나에게도 그날의 공연은 감동으로 기억된다. 외국생활을 오래해 유창한 영어에 특유의 조용조용한 어조로 무대에 선 소감을 말하는 정명훈 감독의 소감도 공연의 감동을 더했다.

제이미 올리버의 마켓 가보기

런던을 배경으로 한 소설과 드라마, 영화와 더불어 나의 런던 판타지를 자극한 것이
또 있다. 바로 1999년 BBC TWO가 선보인 요리 방송 '네이키드 셰프'(The Naked
Shef)다. 당시 24세였던 셰프 제이미 올리버가 나와 짧은 시간 안에 이것저것 음식
을 만들어내는 프로그램이었는데, 약 16년 전이니 그때만 해도 한국에서는 그렇게
어린 남자 요리사가 진행하는 프로그램이 없었기 때문에 무엇보다 귀여운 그의 용
모, 허둥대는 몸집, 간간히 곁들이는 유머 등을 보는 재미도 쏠쏠 했다. 한식이 아니
라 익숙하지 않은 서양 음식, 때때로 제이미가 즐겨하는 중동 음식, 남미 음식 등이
만들어지는 과정을 본다는 것도 흥미로웠다.

그는 요리가 대수로운 일이 아닌 듯 양파나 감자를 설렁설렁 썰고, 허브도 뚝뚝 잘라
넣고, 항아리에서 설탕을 한 움큼 짚어내 적당량을 계량하지도 않고 냄비에 넣고는
했었는데, 저렇게 성의 없이 만들어도 맛이 있을 수 있을까 의심하면서도 눈을 떼지
못하고 봤던 기억이 있다. 음식을 만들 때마다 '러블리', '판타스틱'을 연발하면서 약

간은 정신없게 음식을 요리하는데, 그래도 요리를 끝내고 접시에 담겨 나오는 음식들은 하나같이 다 맛있게 보였다.

이 방송이 히트하면서 무명의 셰프였던 제이미 올리버는 영국에서 가장 유명한 셰프 가운데 한 명이 됐다. 제이미는 '네이키드 세프' 이후 '제이미의 키친', '제이미 앳 홈', '제이미의 30분 레서피' 등의 텔레비전 프로그램을 연달아 히트시켰고, 관련 요리 책들도 꾸준히 냈다. 사업 수완이 좋아 자신의 이름을 딴 레스토랑도 여러 군데 냈다. 단숨에 영국에서 가장 재산이 많은 요리사 중 한명으로 등극했다. 또한 Fish and Chips(피시앤칩스) 밖에 알려진 음식이 없고 맛없다고 뇌리에 깊이 박힌 영국 음식에 대한 평가를 조금은 개선하는 데 기여한 요리사가 아닌가 싶다.

제이미는 단순히 집 주방에서 미리 준비된 재료로 음식을 준비하는 것이 아니라 스쿠터를 타고 동네 단골 식료품 업체들을 찾아가 재료를 맛보고 자신의 요리에 필요한 재료들을 직접 고른다. 요리 방송에서 제이미의 집으로 나오는 곳이 런던에 있었던 터라 그가 스쿠터를 타고 음식 재료를 사러 이곳저곳을 이동할 때면 화면에 런던의 전경이 펼쳐지는데, 그 모습을 볼 때마다 나도 저곳에 가고 싶다는 생각을 종종 했었다.

제이미가 음식 재료를 사러 갔던 장소 중 가장 인상적인 곳 중 하나는 Borough Market(보로우 마켓)이다. 제이미가 이곳에 자주 가는 모습이 TV를 통해 방송되고, 이곳의 음식 재료가 신선해 실제 자신의 레스토랑에서 내놓는 요리 재료를 이곳에서 구입한다는 사실이 알려지면서 보로우 마켓은 여행자들이 빼 놓지 않고 들르는 런던 여행 필수 코스가 됐다. 음식이 맛없기로 유명한 영국에서 푸드 마켓이 여행자들에게 꼭 들러야 하는 명소로 자리매김하다니... 잘 만든 TV 프로그램이 문화상품으로서 관광시장에 미치는 영향을 다시금 실감하는 순간이었다.

보로우 마켓 내부

보로우 마켓 입구

우리에게는 제이미 올리버 덕분에 알려지긴 했지만 보로우 마켓의 역사는 1000년이 넘는다. 튜브를 타고 런던 브릿지 역에 내리면 바로 근처에 있어 찾기 쉽다. 런던에는 영화 '노팅힐'에 나온 포토벨로 마켓, 빈티지 물건들을 파는 캠든 마켓 등 다양한 시장이 있지만 신선한 음식 재료들을 사기에는 보로우 마켓만한 곳이 없는 것 같다. 마켓 입구에 들어서자마자 고소한 빵 냄새가 진동한다. 런던 숙소에서 아침으로 먹었던 토스트나 롤빵이 정말 맛이 없다고 생각했었는데, 여기에서 사먹었던 페스츄리와 바케트 샌드위치는 정말 맛있었다. 물론 하나에 2.5파운드로 비쌌긴 했지만 말이다. 한국에서 접하지 못했던 각종 치즈도 큼지막하게 썰려있어 시식해 볼 수 있다.

과일 역시 일반 마트보다 신선해 보였고 가격대는 비슷한 것 같았다. 여기서 태어나서 처음으로 생 무화과를 먹어봤다. 무화과는 'Fig'라고 적혀 있었는데 나는 그때까지 그 단어를 본적이 없었고 그래서 저렇게 생긴 과일을 먹어본 적이 없다고 생각했다. 그런데 같이 같던 일본인 친구가 음식점에서 파는 샐러드에 자주 들어가는 과일이라 나도 인지는 못했더라도 먹어봤을 것이라고 했다. 아무튼 샐러드에 들어간 것을 먹어봤다 치더라도 생 무화과는 처음이었다. 2팩에 5파운드였는데 일본인 친구가 무화과를 이렇게 싸게 파는 것을 처음 봤다며 얼른 구매했고, 나도 덩달아 샀다. 하나 먹어봤는데 달지도 시지도 않은, 무맛에 가까운 오묘한 맛이었는데, 가게 주인이 건강에는 정말 좋다고 해 남기지 않고 다 먹었다. 2팩을 다 먹고 나서는 그 맛에 반해 슈퍼에서나 마켓에서 눈에 띨 때마다 사서 먹었던 기억이 난다.

보로우 마켓

여기서 잠깐

제이미 올리버의 홈페이지(http://www.jamieoliver.com/)에서 상황에 맞는 제이미의 다양한 레시피와 제이미의 근황, 새로 나온 제이미 책 소식 등을 알 수 있다.

템스 강변 따라 산책하기

런던의 분위기를 고스란히 느끼고 본드가 바라봤던 런던의 곳곳을 즐길 수 있는 방법 중 하나가 산책이다. 하이드 파크, 리젠트 파크 등 런던을 뒤덮은 공원들을 한없이 걷는 것도 좋지만 템스 강변을 따라 걸으면서 런던의 명소들을 구경하는 재미도 쏠쏠하다. 특히 템스 강변을 걷다보면 런던타워 등 과거 역사를 간직한 건축물들과 금융가 지역에 들어선 신식 건축물들이 묘하게 조화를 이루는 경이로운 모습도 구경할 수 있다. 빅벤과 런던아이를 거쳐 테이트 모던, 보로우 마켓, 세인트폴 성당, 브릭레인 마켓, 타워브릿지로 이어지는 거리를 걸으면서 현재의 런던과 과거의 런던을 가슴에 새겨보는 것은 어떨까.

국회의사당 동쪽 끝에 있는 탑이 달린 대형시계 빅벤은 원래는 종의 이름이었지만 지금은 시계를 가리키는 말이 됐고, 2012년 엘리자베스 2세 즉위 60년을 기념해 엘리자베스타워로 개명했다. 거기서 템스 강변을 쭉 따라 걷다보면 런던아이가 나온다.

빅벤과 런던아이를 등지고 템스 강변을 따라 걷다보면 현대미술갤러리인 테이트모던이 나온다. 원래는 화력발전소였던 곳을 개조해 거대한 전시공간으로 탈바꿈한 곳이다. 산업화 시대의 산물을 21세기 시대에 재해석해 명소로 변신시킨데서 영국인들의 창조성과 유연성이 돋보인다. 테이트모던 바로 앞에 있는 밀레니엄 브릿지를 건너면 세인트폴 대성당을 만날 수 있다.

런던을 한눈에 보려면 '런던아이'

런던을 처음 방문한 지난 2006년 런던아이를 탔다. 당시 20파운드 안팎 정도로 비싸다고 생각했지만 일본인 친구와 나는 런던에 가면 꼭 타자고 약속했기 때문에 망

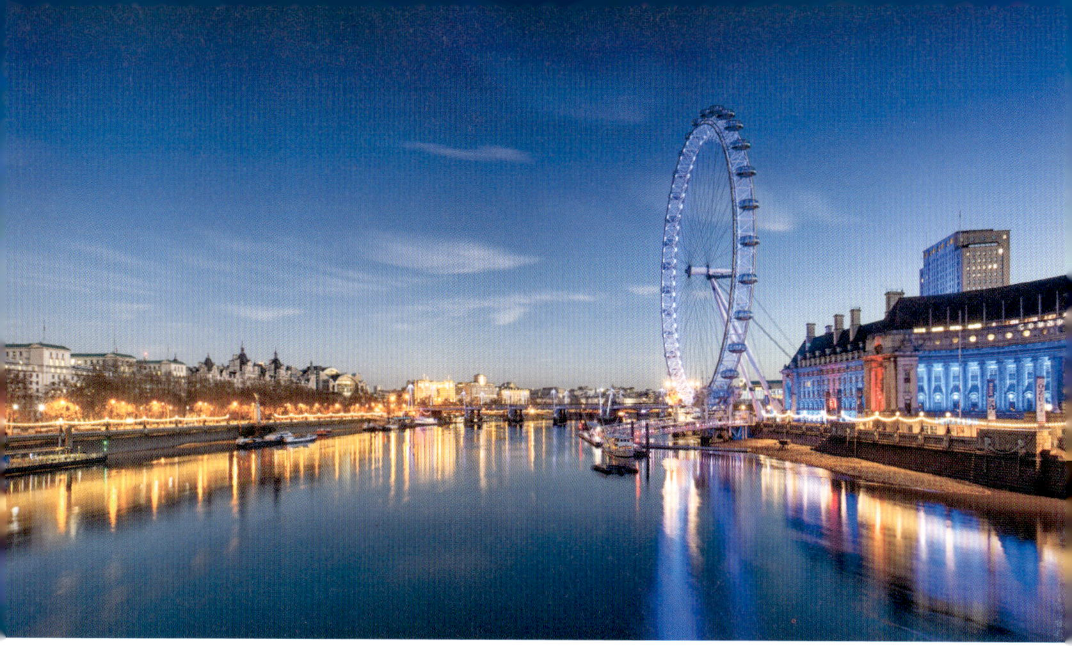

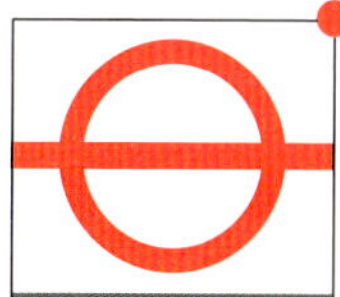

런던아이

설이지 않고 탔다. 런던아이를 타고 꼭대기에서 내려다보는 야경은 정말 예쁘다. 런던은 산이 없고 대부분 평지이기 때문에 런던아이에서 런던 시내를 한눈에 볼 수 있다. 기회가 되면 한번쯤 런던아이를 타보는 것도 괜찮은 추억이 될 것 같다. 다만 주말 저녁에는 관광객들로 붐비니 평일을 이용하거나 며칠 전 미리 예약을 하는 것이 좋다. 유명인들의 밀납인형을 전시한 '마담 투소' 등 다른 명소를 방문할 수 있는 티켓을 엮어 조금 저렴하게 내놓는 경우도 있으니 홈페이지를 종종 방문해서 확인하는 것도 도움 된다.

런던아이

- London SE1 7PB, United Kingdom
- Waterloo
- +44 (0)871 781 3000* **or** 0333 321 2001
- https://www.londoneye.com/
- **시간**: 10:00~20:30

요금: 온라인 결제 시, 16세 이상 성인 29.45파운드, 4~15세 24.45파운드

챕터 속 챕터

크리스마스 쇼핑을 대하는 자세 – 모든 곳이 여는 한국, 모든 곳이 닫는 영국

영국의 크리스마스는 한국과 다르다. 한국은 백화점, 레스토랑 할 것 없이 크리스마스가 1년 중 성수기로 문을 여는 반면, 영국은 상점들이 크리스마스 한 달 전부터 떠들썩하게 장식하고 꾸미면서 크리스마스 분위기를 한껏 만끽하지만 정작 크리스마스 날에는 문을 닫는다. 심지어 대중교통도 일부 구간은 운영하지 않는다. 여기서 한국과 영국의 문화 차이를 엿볼 수 있다. 한국에서도 크리스마스가 가족들이 모이는 연휴이긴 하지만 오랜만에 모인 가족들은 집에서 옹기종기 모여 있는 것이 아니라 나가서 식사를 하거나 물건을 사거나 하면서 대체로 밖에서 즐긴다. 그러나 영국은 크리스마스 연휴를 대비해 미리 장을 한껏 봐두고 크리스마스 당일에는 집에서 가족들이 음식을 만들어 먹으면서 즐긴다. 그렇기 때문에 상점은 문을 열 필요가 없다.

크리스마스 당일 런던을 배회하는 사람들은 이러한 사실을 모르고 도시 전체에서 떠들썩한 크리스마스 축제가 있을 거라는 기대에 여행 온 여행객들뿐이다. 그래서

크리스마스 날에 여행객들은 외롭다. 테스코 등의 대형마트도 크리스마스 당일에는 문을 닫는 경우가 많기 때문에 크리스마스 날을 포함해 런던에 며칠 동안 머물 계획이라면 미리 식량을 비축해 두는 것이 필수다.

그래도 크리스마스 시기 이곳을 방문하면 좋은 이유는 '박싱 데이' 때문이다. 크리스마스 다음날인 26일 겨울 상품들을 최대 70%까지 저렴하게 구입할 수 있는 '쇼핑 이벤트' 박싱 데이가 열린다. 박싱 데이는 옛날 봉건주의 때 영주들이 크리스마스 다음날 안 쓰는 물건이나 곡물들을 박스에 담아서 농노들한테 선물하거나 하사한데서 유래됐다. 인기 있는 상점에는 할인된 가격에 자신이 찜해둔 물건을 사려는 사람들로 새벽부터 긴 줄이 서 있다. 인기 있는 브랜드의 의류나 신발 같은 경우 조금만 늦게 가도 원하는 사이즈가 없을 가능성이 크다. 체력적으로 조금 힘들더라도 부지런히 새벽같이 일어나 상점 앞에 줄을 서 있으면 사고 싶던 물건을 싼 가격에 손에 넣는 행운을 누릴 수 있다.

Part 3 더블린

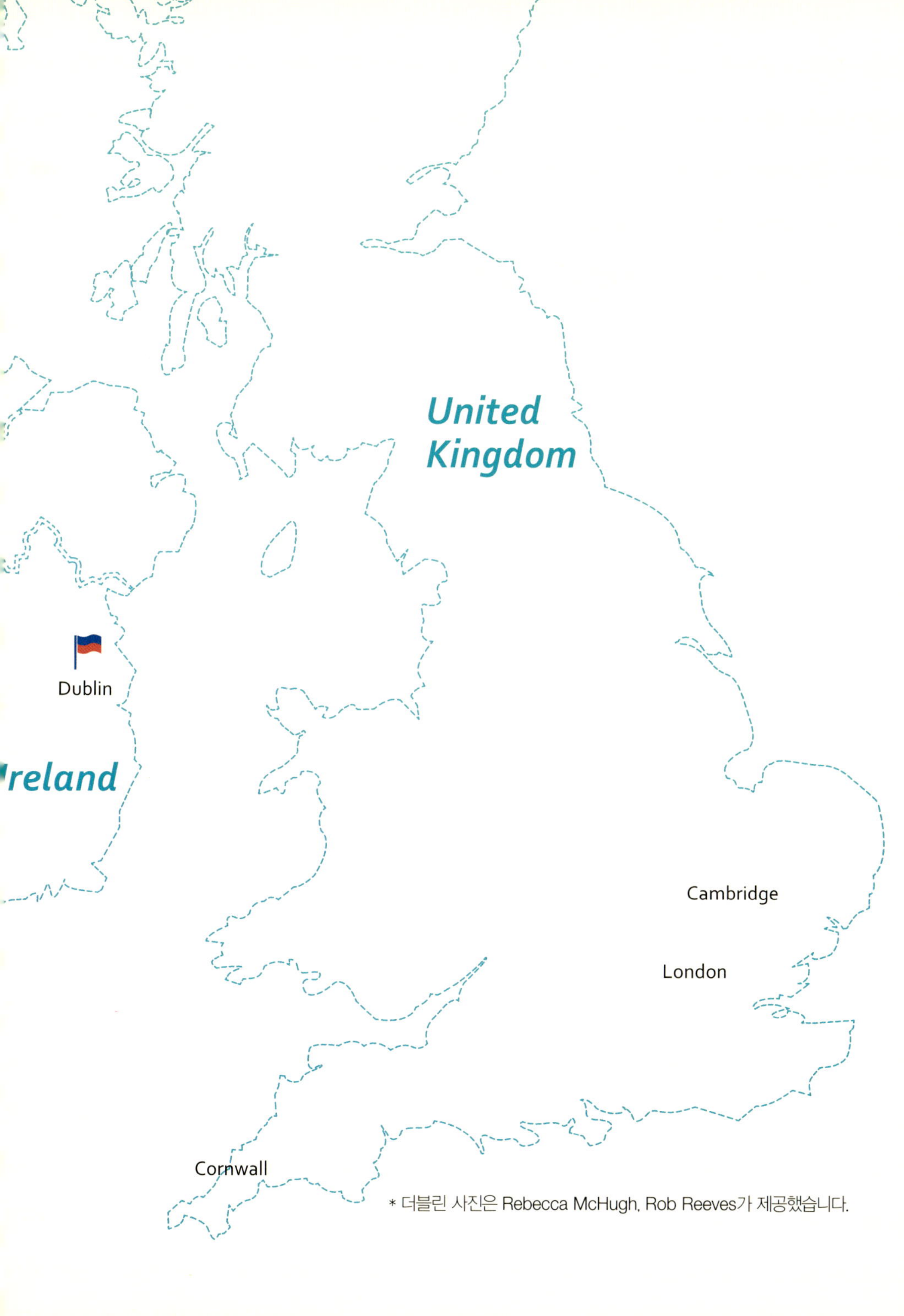

United Kingdom
Ireland
Dublin
Cambridge
London
Cornwall
* 더블린 사진은 Rebecca McHugh, Rob Reeves가 제공했습니다.

01
더블린의 **모든 것**

대학 때 네덜란드에서 1년 동안 교환학생을 했었다. 당시에는 공부보다 여행에 주력했다. 그래서 교환학생 시절의 기억은 네덜란드에 대한 기억보다 주변 국가들을 여행하면서 만든 추억들이 더 많다. 유럽 국가들이 유럽연합(EU)으로 통합된 이후 간소화된 비자협정 등으로 네덜란드에 거주하면서 주변 국가를 여행하는 것은 정말 편했다. 또한 네덜란드 역시 어느 선진국들이 그렇듯 교통과 문화생활에서의 요금할인 등 학생들에 대한 복지가 잘돼 있었다. 한국으로 돌아온 이후로도 네덜란드로 돌아가고 싶다는 생각을 문득문득 했을 정도다. 이처럼 행복했던 네덜란드에서의 경험이 다시 유럽 지역으로 대학원 진학을 진지하게 고려하게 한 이유이기도 하다.

해질녘의 더블린

네덜란드에 살 때 많은 유럽 국가들을 여행했지만 아일랜드는 한 번도 가보지 못해 궁금했고, 유럽 최대 저가항공사 '라이언항공'의 허브 공항이라 다양한 유럽 국가들을 저렴하게 여행할 수 있다는 점도 아일랜드의 매력으로 다가왔다.

위 더블린 전경
아래 더블린 거리

결국 아일랜드로 대학원 진학을 결정했다.

네덜란드에 머무를 때 영국은 자주 갔지만 런던에서 서쪽으로 비행기를 타고 1시간도 채 떨어지지 않은 가까운 섬나라 아일랜드는 처음이었다. 밤에 더블린 공항에 도착한 탓에 내 눈에 처음 들어온 더블린은 그냥 '깜깜하다'로 각인됐다. 오랜 비행으로 지칠 대로 지친 상태라 어떠한 감흥을 느낄 새도 없이 무거운 짐과 고단한 몸을 택시에 싣고 미리 예약해 둔 호텔로 가서 잠자리에 들었다. 다음날, 더블린에서의 첫 아침. 처음으로 환한 더블린을 맞이하고 아침 출근길을 분주하게 오가는 사람들을 보며 더블린의 활기를 온 몸으로 만끽했다.

과거 100만 명이 죽어나간 감자대기근, 700년간의 영국 식민지배로부터 처절한 투쟁 끝에 얻어낸 독립 등, 아일랜드 역사는 우리의 역사만큼이나 상처가 많다. 고통의 시간을 딛고 아이리시들은 현재의 아일랜드를 일궈냈다. 천연자원이 없는 아일랜드는 경제성장과 발전을 위해 세금을 깎아주면서 구글, 페이스북 등 글로벌 전자기술(IT) 기업들을 적극적으로 유치해 유럽의 IT 및 금융허브로 거듭났다. 그러나 2008년 미국 발 글로벌 금융위기는 다른 유럽 지역들과 마찬가지로 아일랜드를 덮쳤고 경제성장 시절 물밀듯이 들어와 부동산 등 각종 부분에 버블을 일으켰던 해외투자는 더 빠른 속도로 빠져나가며 아일랜드 경제에 심한 생채기를 냈다. 내가 발을 디뎠던 2013년 가을의 아일랜드는 글로벌 경제 위기에서 서서히 회복하려는 조짐이 보일 듯 말듯 한 시기였다.

어디서 살지?

트리니티 캠퍼스 내에도 기숙사가 있다. 그러나 이 기숙사는 국가 장학금을 받는 국내 학생들에게 우선 배정되고 그 다음은 학부 외국인 학생들에게 돌아간다. 학부 학생들보다 학교의 보살핌이 덜 필요하다고 여겨지는 대학원 학생들에게는 아주 적은 수의 기숙사가 배정된다. 기숙사 비용이 결코 저렴하지 않지만 강의실, 도서관, 스포츠센터 등과의 근접성이 뛰어나 편리하다는 장점으로 경쟁이 치열하다. 그래서 나를 포함한 기숙사를 구하지 못한 학생들은 여러 명이 방은 따로 갖되 부엌을 공유하는 '하우스 쉐어'(house share)를 할 것인지 아니면 하우스 쉐어보다는 렌트 비용이 비싸지만 온전히 부엌과 화장실 등을 혼자 쓰는 우리 식의 원룸 형태인 '플랫'(flat)을 구할 것인지 선택해야 한다. 그런 다음 'Daft.ie'라는 아일랜드 대표 부동산 사이트에 들어가 매물을 치열하게 검색하고 일일이 이메일이나 문자를 보내 인터뷰와 집 방문을 요청해야 한다.

나는 주위에 사람들이 있으면 산만해지는 스타일이기 때문에 혼자 살 수 있는 플랫을 구하기로 결심했다. 그런데 내가 하우스 마켓에 본격적으로 뛰어든 9월 중순은 이미 학기가 시작된 상황이라 저렴하면서 도시 중심가에 가깝고, 상대적으로 상태가 양호한 집들은 이미 다 나갔다. 주위 친구들은 1년 동안 살 곳인데 한 달을 호텔 생활을 하더라도 시간을 갖고 천천히 마음에 드는 곳을 찾으라고 조언했다. 그러나 나는 하루라도 빨리 호텔 생활을 벗어나 나만의 공간을 갖고, 짐을 풀고 싶은 마음이 간절했다. 또한 집 방문과 인터뷰를 요청하느라 60통 넘게 이메일을 보냈는데 대부분 답장이 없는데다 간혹 온 답장에서 '이미 계약됐다.', '네이티브 잉글리시를 구한다.', '외국인 학생은 안 받는다.'는 짧지만 강력한 임팩트의 문구로 조바심을 부추겼다. 이후 아이리시 친구에게 집주인들이 원래 경제력이 없는 학생들은 집세를 못 낼까 봐 꺼리고 특히 외국인 학생은 집세를 안 내고 도망갈까 봐 꺼린다는 얘기를 듣고 좀 씁쓸했다.

LONDON FANTASY TOUR

더블린 주택가

내가 인터뷰 기회를 얻은 곳은 단 세 곳이었다. 한곳은 학교에서 버스로 40분가량 걸려 거리는 좀 멀지만 한적한 해변가의 고급 주택이었다. 2명의 직장 여성들이 살고 있었고 내가 묵게 될 방은 싱글 침대만으로도 방이 꽉 차는 아주 작은 방이었지만 거실, 부엌, 정원 등 그 외 공간은 무척이나 넓고 고급스러웠다. 또한 중심가에서 떨어져 있다 보니 새 건물이지만 렌트 비용이 상대적으로 저렴했다. 내방이 아주 작다는 단점만 빼고는 깨끗하고 같이 사는 여성들도 깔끔해 보여 은근히 마음에 들었다. 하지만 나의 바람과 달리 그들은 나를 배웅하면서 학생이 아니라 같이 놀 수 있는 직장 여성이 하우스 메이트로 들어왔으면 좋겠다면서 짐짓 미안한 듯 말꼬리를 흐렸다. 아무튼 결정 후에 연락을 주겠다고 했지만 그 뒤로 연락은 없었다.

두 번째 집은 남학생 2명이 살고 있는 집이었는데, 2층의 빈 방을 둘러볼 생각이 들지 않을 정도로 거실과 부엌, 화장실이 더러웠다. 대충 둘러보고 다시 연락하겠다는 말을 남기고 조용히 나왔다. 5일을 투자했는데 나의 성과는 달랑 이 2곳이었다. 그리고 두 곳 모두 내가 살 곳이 되지 못했다. 이쯤 되니 조바심이 극에 달했다. 결국 시내에 있는 부동산 사무실을 찾아갔다. 부동산 중개인에게 내가 감당할 수 있는 월세상한선을 알려주고 이 가격대의 플랫을 보여 달라고 했다. 그는 시내에서 멀리 떨어진 D7 구역에 있는 몇 백 년이 된 듯 한 외관에 삐걱거리는 바닥, 윗집 사람의 발소리가 그대로 들리는 천장과, 침대, 소파, 식탁, 오븐 어느 것 하나 더럽지 않은 가구가 없는 플랫을 보여줬다. 더 이상 다른 곳을 둘러보고 싶은 의욕도 없고 지칠 대로 지친 터라 그 자리에서 계약했다. 무엇보다 약한 수압의 화장실은 나를 자주 괴롭혔다.

내가 1년 동안 더블린에서 산 집은 비록 비싸고 후졌지만 바로 근처에 '피닉스 파크'(Phoenix Park)라는 더블린의 뉴욕 센트럴 파크 쯤 되는 유럽 최대 공원이 있는 점과 가톨릭 국가답게 고색창연한 오래된 성당들이 동네 곳곳에서 주변을 밝히고 있는 점 등이 위안이라면 위안이었다.

없는 것 빼곤 다 있는 더블린의 마트

내가 유학을 갔던 2013년 9월~2014년 8월은 환율이 1유로 당 1,500원을 넘나들었다. 지난 2005~2006년 1유로 당 1,200원대 시절에 네덜란드에 있었던 나로서는 그때와의 단순 비교만으로도 환율이 상당히 부담스러운 상황이었다. 비싼 환율, 비싼 집값에 허덕였지만 그럼에도 나의 더블린 생활을 풍요롭고 행복하게 만들어 준 것이 있었으니, 바로 저렴하면서도 없는 게 없는 대형 마트들이었다.

위 더블린 슈퍼마켓 내부

아래 수퍼마켓 체인 테스코

우선 유럽통합으로 전 유럽 지역의 농산물이 경쟁하는 체계를 갖춘 탓에 마트에 들어온 농산물들은 양질에다 값이 저렴했다. 아일

랜드에서 풍부하게 생산하는 우유, 치즈, 요거트 등 유제품이 특히 저렴했으며 동유럽, 독일, 영국 등지에서 수입되는 과자, 초콜릿, 케이크 등 저렴한 간식거리의 천국이었다. 로레알 샴푸 등 프랑스 브랜드들도 같은 유럽연합(EU) 내 브랜드 상품이라 그런지 한국에서 구입할 때보다 30% 가량 더 싼 것 같았다.

더블린에는 대형마트가 영국계 막스앤스펜서, 테스코(Tesco), 독일계 알디(Aldi)와 리들(Lidl), 아일랜드 브랜드인 던즈(Dunnes)가 있다. 알디와 리들은 품질은 크게 나쁘지 않지만 디스플레이와 서비스에 신경 쓰지 않기 때문에 상대적으로 저렴하다. 막스앤스펜서는 이 브랜드들 가운데 가격은 조금 비싸지만 유기농 분야나 자체 브랜드 식품의 품질이 좋은 걸로 알려져 있다. 테스코와 던즈는 종류가 다양하고 가격은 중간 정도다. 나는 집 근처에 테스코가 있어 자주 이용했다. 우유 1리터짜리가 0.80유로(당시 1유로 1,500원 환율로는 1,200원) 정도였는데 지금 한국 대형 마트에서 1리터 우유가 평균 2,600원대인 것과 비교하면 거의 절반 가격인 것이다. 식빵도 1유로에 한줄, 사과도 4개가 든 한 봉지를 1~2유로에 살 수 있었다. 먹거리는 외식만 하지 않는다면 한국보다 저렴하고 알차게 먹을 수 있었다. 시내 근처의 큰 테스코나 막스앤스펜서, 던즈 매장은 오후 7~8시쯤이 되면 한국의 마트에서 볼 수 있는 마감 세일 같은 것을 한다. 그날 팔아야 하는 즉석 빵 종류와 샌드위치, 약간 흠집 난 과일 등을 최대 60% 가량 할인된 가격에 구입할 수 있다. 가난한 유학생들에게 유용한 팁이다. 그런데 살아본 결과 기본적인 요리 실력만 갖췄다면 마감세일 이용으로 식료품비를 굳이 아끼지 않아도 될 정도로 재료는 이미 저렴하고, 이런 재료를 이용해 얼마든지 맛있고 신선한 음식을 해먹을 수 있다는 것이다. 한국에서 몇 가지 요리를 배워오는 것이 중요한 것 같다. 그렇지 않고서는 저렴하고 신선한 재료들을 눈앞에 두고서도 매일 빵이나 과자 등으로 연명하는 불행한 삶을 살아야 한다.

저렴한 옷가지를 찾는다면 Penny's(페니즈)가 정답이다. 기본 티셔츠를 3~5유로, 청바지를 10유로에 구입할 수 있다. 양말, 스카프, 액세서리, 속옷, 메이크업 제품, 침구류, 없는 게 없다. 관리를 정말 잘 하면 모르겠지만 품질이 그렇게 좋은 것 같지는 않다. 유명 SPA 브랜드인 자라나 H&M 처럼 몇 번 빨면 물이 빠지거나 옷이 헤지는 느낌이 들었다. 아일랜드가 그다지 부유한 국가가 아니라서 그런지 명품 브랜드 숍들은 눈에 잘 띄지 않는다. 샤넬, 루이비통, 버버리 등도 더블린 번화가 그라프톤 스트리트에 있는 고급백화점 '브라운스톤' 한곳에만 입점해 있었고, 단독 매장은 적어도 내가 알기로는 나라 전체에 하나도 없었다.

아이리시의 상징, "It's grand."

1년 동안 진행되는 석사 프로그램을 같이 들으면서 동거 동락했던 친구들 가운데 절반 이상이 아일랜드 출신 학생들이었다. 대부분의 수업을 같이 듣고, 밥을 같이 먹고, 또 도서관이나 컴퓨터 랩에서 같이 공부하면서 하루의 절반 이상을 붙어있다 보니, 물론 개개인의 특성이 있지만 보편적인 아이리시들의 성향이 자연스럽게 보였다.

같이 수업을 들었던 미국인 친구들과 비교하면 그들은 주로 듣는 편이었고, 토론 시간에 발언권이 주어지면 명료하게 의견을 말하지만 필요 이상의 장황한 설명은 자제했다.

무엇보다 부탁을 거절하지 않았다. 우리 반에서 영어가 서투른 학생은 내가 유일했기 때문에 논문 독해에도, 리포트를 쓸 때도, 수업에서의 발언 준비를 할 때도 많은 도움이 필요했다. 사실 논문 내용을 설명해주는 것도, 영어 리포트의 문법 오류를 짚어주는 것도, 발언 내용을 수정해주는 것도 자기 시간을 할애해야 하는 무척이나 귀찮은 일이다. 그런데 친구들 중에 특히 아이리시 친구들이 그 귀찮은 일들을 싫어하는 내색 없이 해줬고, 내게 많은 도움을 줬다. 그들이 없었다면 한 과목도 통과하지 못했을 것이다.

아이리시를 말할 때 빠질 수 없는 것이 '잇츠 그랜.(It's grand. 좋아)'이다. 습관처럼 아주 자주 사용한다. 반면 우리가 흔히 알고 있는 It's ok. 또는 It's great.는 잘 쓰지 않는다. 아침에 날씨가 안 좋아도 'It's grand.', 내가 무언가를 부탁할 때도 'It's grand.', 내가 부탁에 대한 답례로 밥을 사주겠다고 할 때도 'It's grand.', 기대에 못 미치는 성적을 받았을 때도 'It's grand.'이다. 물론 뜻은 모두 다르다. 날씨가 안 좋을 땐 '이정도면 괜찮지 뭐.', 내가 무언가를 부탁할 때는 '물론 괜찮지.', 내가 밥을 사준다고 할 땐 '뭘 그런 거 가지고. 안 사줘도 돼.', 나쁜 성적을 받아 위로하려고 할 때면 '이 정도야 뭐, 걱정하지 마.'란 뜻이다. 'It's grand.'의 다양한 속뜻을 알기 전에는 아이리시들이 어떤 상황에서도 자연스럽게 사용하는 이 문장을 어떻게 받아들여야 할지 고민을 많이 했다. 그러나 시간이 흐르고 많은 시간을 함께하다보니 'It's grand.'은 상대방의 모든 것을 포용하겠다는 관대함과, 상대방이 자신의 나쁜 상황이나 좋지 않은 기분을 눈치채지 못하게 하기 위한 배려가 담긴 표현이라는 것을 깨달았다.

더블린의 날씨

더블린으로 유학을 결정한 또 다른 이유는 날씨다. 서울의 푹푹 찌는 여름과, 너무 추운 겨울 날씨가 싫었던 나는 연중 10도 안팎의, 여름에는 크게 덥지 않고 겨울에도 비교적 온난한 더블린이 끌렸다.

실제 봄과 여름, 가을까지 청명한 날씨가 이어진다. 여름에도 얇은 카디건 하나 걸치고 다녀도 땀이 나지 않을 정도의 선선함이 유지됐다. 복병은 겨울이었다. 그렇다고 기온이 뚝 떨어지는 혹한은 아니다. 바로 세찬 비바람이다. 기온이 낮지는 않은데 비바람이 몰아치니 체감온도는 뚝 떨어진다. 내리는 비의 양은 그리 많지 않지만 바람의 강도가 문제다. 바람이 너무 세서 한국에서 들고 다녔던 작은 우산 두 개는 가뿐히 부러졌다.

집에는 부러진 우산들 밖에 없는데 아침에 학교에 가려는데 비바람이 몰아치고 있으면 정말 낭패다. 그럴 땐 어쩔 수 없이 집에서 가장 가까운 테스코로 가서 제일 싼 6유로 우산을 산다. 그런데 이 우산도 학교에 가는 도중에 부러지고 만다. 테스코 우산 세 개를 부서뜨리고 난 후 깨달은 것은 아이리시들이 비바람에 대처하는 방법이 삶의 지혜가 녹아있는 최고의 방법이라는 것이다.

더블린 시내 중심가

방수가 비교적 잘되는 겉옷을 위에 입고 학교에 간 다음 물기를 툭툭 털어 히터 위에 올려놓고 수업시간 동안 말리는 것이다. 물론 비만 주룩주룩 내리는 날은 아이리시도 우산을 쓰고 다닌다. 그러나 비바람이 불면 우산 대신 방수가 되는 후드 달린 겉옷을 단단히 여미고 빠른 걸음으로 이동하는 아이리시들을 쉽게 볼 수 있다.

02

더블린에 왔다면
이곳은 꼭

트리니티 컬리지 오브 더블린

내가 다닌 트리니티 컬리지는 더블린 시내 중심가에 있다. 영국이 아일랜드를 통치하던 시절 영국의 엘리자베스 1세가 케임브리지대학과 옥스퍼드대학을 본따서 만들었다. 더블린은 시내를 관통해 흐르는 리피강을 중심으로 위쪽 지역이 더블린 1, 더블린 3, 더블린 7 등 홀수로 나뉘고 강 아래쪽은 더블린 2, 더블린 4, 더블린 6 등 짝수로 나뉜다. 트리니티 컬리지가 더블린 2 구역에 있었고 당시 내가 살던 집은 더블린 7구역에 있었다. 집에서 학교까지 걸어가면 45분 정도, 달리면 30분 정도 걸렸다.

세계 어디를 가도 시내 중심가는 땅값이 비싸기 때문에 거대한 면적의 학교 캠퍼스가 들어서기 어렵다. 그런데 트리니티 컬리지는 시내 중심에 자리 잡았고, 학교가 지닌 역사와 전통 때문에 더블린을 방문하는 여행객이 빼놓지 않고 들르는 관광명소가 됐다. 시내는 시끄럽지만 학교 정문으로 들어오는 순간 바깥의 소음은 어느 순간 사라지고 고요함이 그 자리를 대신한다. 그리고 긴장감 등 약간 무거운 분위기도 감지된다. 책을 한가득 들고 종종 걸음으로 수업에 가는 학생, 자전거 뒤에 책을 싣고 도서관으로 향하는 학생, 야외 테이블에서 공부하는 학생들 등 모두 바쁘게 움직이거

나 무엇에 열중하는 모습이다. 시내와 학교는 정문 하나를 두고 왁자지껄한 바깥세상과 소리 없이 치열한 경쟁이 벌어지는 학교로 나뉜다.

위 트리니티 컬리지 입구
아래 트리니티 컬리지 전경

학교가 시내에 있어 좋은 또 다른 점은 주위에 맛집이 많다는 것이다. 학교식당 음식이 지겨우면 정문(컬리지그린 스트리트)으로 나가든, 옆문(그라프톤 스트리트)이나 후문으로 나가든 5분 거리에 다양한 종류의 음식을 파는 레스토랑이 즐비해 있어 골라 먹을 수 있었고, 마음 내키면 언제든 맥주 한잔 할 수 있는 펍도 레스토랑 못지않게 많았다.

영화 '원스'의 그곳, 그라프톤 스트리트

영화 '원스'(Once, 2007)는 무명의 음악가 '그'(글렌 핸사드)가 더블린 그라프톤 스트리트에서 음악 연주를 하는 모습을 비추면서 시작한다. 이곳은 남자주인공이 버스킹하는 장소, 버스킹을 해서 모은 돈을 누가 훔쳐가자 그가 뒤쫓는 장면이 촬영된 곳이다. 영화는 사랑의 아픔을 겪은 두 남녀가 음악으로 하나가 되는 과정을 그렸는데 (결국엔 각자의 길을 가지만) 실제 인디밴드 음악가들을 출연시키며 15만 달러, 한화로 1억 4,000만 원 정도의 저예산으로 촬영했다. 그러나 미국에서 943만 달러, 해외 1,127만 달러 모두 합쳐 2,070만 달러가 넘는 상당한 흥행을 거두었다. 또한 주제곡인 Falling Slowly가 아카데미 주제곡 상까지 거머쥐는 쾌거를 올렸다. 원스가 히트치면서 더블린의 그라프톤 스트리트는 버스커들의 성지로 자리매김했다.

그라프톤 스트리트

영화에는 그라프톤 스트리트가 로맨틱한 장소, 날씨가 좋은 날엔 악사, 행위예술가, 화가들이 멋진 공연을 펼치는 젊음의 거리로 비춰졌지만 거리 곳곳에 오랫동안 가난에 시달렸던 과거, 영국의 식민지 역사 등 고통스러운 과거를 잊지 말자는 각오를 다지는 듯한 상징물들이 있다. 더블린 트리니티 컬리지 옆문으로 나와 그라프톤 스트리트가 시작하는 곳에 세워진 소녀 '몰리 말론' 동상도 그 중 하나다. 19세기 아일랜드가 궁핍했던 시절 어린 생선장수였던 몰리는 수레를 끌고 더블린 거리를 돌아다니면서 생선을 팔았는데, 안타깝게도 젊은 나이에 열병으로 생을 마감한다. 이 소녀를 소재로 가난에 대한 한이 서린 노래가 구전으로 전해졌고 1988년 더블린 밀레니엄 위원회는 그녀를 기리는 조형물을 제작하고 6월 13일을 '몰리 말론의 날'로 선포했다고 한다.

Grafton Street

더블린 시내의 버스킹

그라프톤 스트리트는 헨리 스트리트(Henry Street)와 더불어 더블린 최대 쇼핑가다. 아일랜드 쇼핑지역을 애기할 때 두 개의 지역이 주로 언급되는데, 하나는 헨리 스트리트이고 다른 하나는 그라프톤 스트리트다. 헨리 스트리트는 리피강 북쪽에 위치해 있고, 근처에 아일랜드 역사의 상징인 중앙우체국, 스파이어 등이 높이 솟아있다. 그라프톤 스트리트는 리피강 남쪽에 위치해 있는데 헨리 스트리트보다 약간 부유한 느낌이다. 헨리 스트리트에도 백화점이 있긴 하지만, 샤넬, 루비뷔통, 버버리 등 더블린 내에서 명품을 볼 수 있는 유일한 곳인 브라운토마스 백화점은 그라프톤 스트리트에 있다. 두 거리의 분위기로 보면 우리 나라로 치면 헨리 스트리트는 강북, 그라프톤 스트리트는 강남으로 비유하면 얼추 맞을 것 같다.

더블린 사람들은 알뜰한 것인지 아니면 쇼핑을 바다 건너 영국 런던이나 프랑스, 이탈리아 등 명품의 본산지로 가서 하는 것인지 더블린 내에서는 명품 브랜드를 찾아보기가 힘들다. 예를 들어 영국 명품 브랜드 버버리(Burberry)의 경우 최근 한국에도 버버리 플래그쉽스토어 같은 대규모 단독 매장이 들어와 있는데, 더블린에서는 브라운토마스 백화점 내부의 명품 편집매장 한쪽에서 겨우 버버리를 만나볼 수 있다. 아이리시 친구에게도 물어보니 수도인 더블린에 없으면 아일랜드 전국에서 버버리 단독 매장은 없는 것으로 봐도 된다고 했다.

세인트 스테판 그린 파크의 내부와 입구

세인트 스테판 그린 파크

영국 런던만 공원 천국이 아니다. 더블린 역시 걷다가 힘들어서 조금 쉬어갔으면 좋겠다는 생각이 들만하면 공원이 나올 정도로 도심에 공원이 많다. 피닉스 공원, 메리언스퀘어 공원, 페어뷰 공원, 그리피스 공원, 세인트 앤 공원과 장미 정원 등이 있는데, 나는 그중 세인트 스테판 그린 파크(St. Stephen Green Park)를 가장 좋아한다. 그건 바로 이 공원은 내가 다닌 트리니티 컬리지 근처에 있어 마음 내킬 때마다 언제든지 쉽게 갈 수 있었기 때문이다. 트리니티 컬리지에서 옆문으로 나와 그라프톤 스트리트를 따라 쭉 올라가면 프랑스 파리의 개선문 비슷하게 생겼지만 크기는 작은 문이 나온다. 세인트 스테판 그린 파크 입구다. 학교에서 출발하면 약 10분 내 도착할 정도로 아주 가까이 있는 공원이다.

이 공원은 1600년대에는 늪지대였는데 1877년 공원으로 변모해 일반인들이 이용할 수 있게 됐다고 한다. 영화 '원스'의 주요 촬영지가 그라프톤 스트리트이다 보니 그 거리와 연결돼 있는 세인트 스테판 그린파크도 원스에 등장한다. 남자 주인공이 자신이 버스킹해 번 돈을 훔쳐 달아난 남자를 잡는 곳이 세인트 스테판 그린파크 입구다. 여행에서 쉼이 필요할 때나 영화의 감동을 다시 느끼고 싶을 때 이곳을 방문해보면 좋을 것이다.

한국 대학에서 학사 과정을 공부할 때 공강 시간이나 점심시간 때 친구들과 함께 본관 앞에 있는 커다란 잔디밭에 누워 시간을 보내곤 했었는데, 더블린 대학에도 달리기 트랙, 축구 골대 등이 세워져 있는 잔디밭이 있었다. 친구들과 자주 이 잔디밭에 앉아 도시락으로 싸간 샌드위치를 먹곤 했었다. 그러나 잠깐이라도 학교를 벗어나고 싶을 때, 초록색 잔디밭에 더해 알록달록 꽃들이 만발한 풍광을 즐기고 싶을 때, 도심 속 싱그러움을 느끼고 싶을 때 우리는 세인트 스테판 그린파크로 갔다.

햇살이 좋은날 공원 잔디밭에 누워 하염없이 시간을 보내는 것도 좋고 친구들과 빙 둘러앉아 수다를 떠는 것도 좋다. 신기한 것이 아침에 가든, 점심에 가든, 늦은 오후에 가든 항상 사람이 많다는 것이다. 대체로 풍광도 비슷하다. 아침, 점심, 저녁 조깅을 하는 사람이 있기 마련이고, 친구나 가족들과 둘러 앉아 싸온 간식을 먹는 사람들도 있다. 시간대와 상관없이 잔디밭에 누워 껴안고 있는 커플들이 있기 마련이고, 잔디밭에 배를 깔고 누워 책을 읽는 사람, 음악을 듣는 사람도 있다. 그리고 옆에 배낭을 두고 쉬어가는 여행객들도 있다. 더블린 사람들은 원하는 시간에 언제라도 이 공원에 와서 필요한 휴식을 취하고 에너지를 충전해 돌아가는 것 같았다. 도심 속 한복판의 쉼터, 가까이 있어 언제든 올 수 있는 공원을 가진 더블리너들이 부러워지는 순간이었다. 근처에 폭포, 호수 등을 비롯해 조경사업도 멋지게 해놓았는데, 나에게는 잔디밭 위에서의 휴식만 한 것이 없었다.

시간을 쪼개고 쪼개 써도 모자란 대학원 시절, 잔디밭에 느긋하게 누워있는 시간도 사치라고 느껴질 때가 있긴 했지만, 이 같은 휴식의 여유마저 없었다면 1년이라는 짧으면 짧고 길다면 긴 전쟁 같은 시간을 버틸 수 없었을 것 같다. 춤 동호회로 보이는 사람들이 와서 잔디밭 위에서 춤을 추곤 했었는데 어느 날은 남녀가 짝을 지어 살사 연습을 하고 있었다. 살사댄스는 남녀가 밀착돼 에로틱한 동작을 연출하는데 대낮에 아이들과 부모님들, 연인들, 친구들, 산책하는 노인들 모두가 있는 곳에서 그런 춤을 스스럼없이 추는 것이 조금은 신선한 충격으로 다가왔던 기억이 있다.

스파이어 (Spire)

더블린 시내 한복판에 서울로 치면 광화문사거리 같은 긴 대로의 오코넬 스트리트가 펼쳐져 있는데, 그곳에 더블린의 랜드마크이자 아일랜드 자부심의 상징인 스파이어가 우뚝 솟아있다. 2003년 당시 12년간 이어진 아일랜드의 고속성장을 기념하고, 동시에 아일랜드를 식민 지배했던 영국의 국민 소득을 추월한 기념으로 세워졌다. 스파이어는 멀리서 보면 마치 이쑤시개를 뒤집어 놓은 듯한 모양의 뾰족한 은색 첨탑인데 120m에 달할 정도로 거대하다. 그래서 더블린 시내 어디에서도 건물들 사이로 솟아오른 스파이어를 볼 수 있다. 스파이어를 모르는 사람은 거의 없기 때문에 미팅 포인트 역할을 톡톡히 한다. 저녁이 되면 약속을 기다리는 사람들이 스파이어 주변을 빙 둘러싸고 있는 모습을 심심찮게 볼 수 있다.

원래 스파이어 자리에는 영국의 국민 영웅 넬슨 제독의 동상이 있었다. 당시 아일랜드 상인들은 그 동상을 향해 '교통 체증을 불러일으킨다.'고 비난했고, 애국자들은 '영국의 식민지를 상기시킨다.'고 비판했다. 시인 예이츠도 '전혀 아름답지 못하다.'고 지적했다. 넬슨 동상은 결

스파이어

국 1966년 IRA(아일랜드공화국군)의 부활절 봉기 50주년 기념 테러로 부서지고 만다. 한동안 그 자리는 비워져 있다가 1990년부터 더블린 정부의 대대적인 오코넬 스트리트 정비 사업과 맞물려 그 자리에 첨탑이 들어서게 됐다. 국제 공모를 통해 영국 건축가 이안 리치가 첨탑 디자인을 담당하게 됐는데, 영국의 국민 영웅 동상이 아일랜드 민족주의 군의 테러로 산산조각 난 자리에 영국 건축가가 또다시 아일랜드 상징물을 설계했다는 것은 아이러니한 일이지만, 작품 자체만 놓고 보면 예술과 기술이 조화를 이룬 작품이라는 평가다. 하부의 지름은 3m지만 위로 올라갈수록 좁아지면서 꼭짓점은 15cm 정도 된다. 바람에 흔들리도록 설계해 강풍에도 대비했다.

아일랜드 중앙우체국 (An Post, General Post Office)

중앙우체국은 아일랜드의 우편 서비스를 총괄하고 있다. 1814~1818년에 세워졌으며 당시 중요한 공공건물을 짓는데 사용됐던 웅장한 신고전주의 양식으로 지어졌다.

아일랜드 중앙우체국

영국의 식민지였던 1916년, 영국에 대항해 아일랜드 혁명
군이 부활절 봉기를 일으키는데, 이때 봉기를 이끈 지도자
가운데 한명이 시인 패트릭 피어스(Patrick Pearse)다. 그는
펜을 놓고 아일랜드 독립을 위해 무장독립투쟁을 외쳤고 이
중앙우체국 앞에서 '아일랜드 독립선언문'을 낭독했다. 이
독립선언은 영국군의 공격을 촉발했고, 영국군의 강력한 진
압으로 중앙우체국 건물은 막대한 피해를 입었다. 피어스는
현장에서 영국군에게 체포돼 이후 총살됐다. 영국군 진압
과정에서의 건물 내부 파손은 아일랜드 자유국 정부가 들어
설 때까지 수리되지 않았다. 외곽의 초창기 기둥에는 여전
히 총탄의 흔적들이 남아있으면서 처절했던 과거를 상기시
킨다. 당시 피의 현장이 생생하게 남아있는 이곳에 편지나
소포를 부치러 오는 사람들은 과연 어떤 느낌일까?

중앙우체국 내부

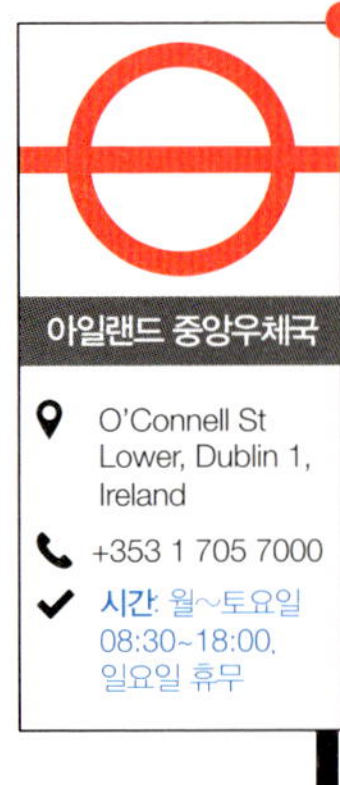

미묘한 영국과 아일랜드의 관계 –
700년의 영국과 공존하는 더블린

아일랜드에 오기 전만 하더라도 아일랜드가 영국과 비슷할 것이라고 생각했다. 물론 '게일어'라는 전통 언어가 있었지만 점점 퇴색되고 있었고 영어를 일반적으로 사용하는데다 영국 지배에 있었던 시간이 긴 만큼 사고방식과 문화에서도 큰 영향을 받아 닮아 있을 것이라 짐작했기 때문이다. 과거 영국 여행에서 좋은 추억들을 쌓았던 나로서는 아일랜드가 영국과 비슷하기를. 그래서 영국에 있었을 때와 비슷한 즐거움과 추억을 만들 수 있기를 바랐던 것도 같다.

실제로 아일랜드를 영국(Great Britain)에 속한 곳이라고 오해하는 사람들도 있다. 내가 아일랜드에 간다고 하니 똑똑한 내 친구도 '영국에 가서 좋겠다.'고 말했었다. 아마 많은 사람이 아일랜드가 영국에 속한 곳이라고 여기는 이유는 아일랜드가 700여 년이라는 오랜 기간 동안 영국의 식민 지배를 받았기 때문일 것이다. 그리고 아일랜드 섬의 북쪽인 북아일랜드는 여전히 영국령이다. 우리가 아일랜드라고 부르는 국가는 흔히 아일랜드 섬 가운데를 경계로 아래쪽을 뜻한다. 이곳은 영국에서 독립을 쟁취했지만, 당시 독립을 반대한 경계선 북쪽 북아일랜드 6개주는 여전히 영국에 속해 있다. 한 영토 안에서 중간선을 경계로 위쪽은 파운드화를, 아래쪽은 유로화를 쓰는 씁쓸한 광경이 연출되고 있는 것이다. 아일랜드의 역사도 우리만큼이나 복잡하고 슬프다.

오랜 식민지배의 영향 탓인지 아일랜드에는 영국문화가 많이 남아있다. 커피보다 차를 즐기는 것도 그렇고 교육과정도 비슷하다. 차량 운전대가 오른쪽에 있는 것도 마찬가지다. 다른 점도 있다. 아일랜드는 EU에 가입을 했고 통화도 유로화를 쓴다. 영국은 EU에 가입했다가 2016년 탈퇴를 결정했으며 통화는 파운드화를 쓴다.

우리가 일본에 대해 약간의 거부감이 있는 것처럼 아일랜드 청년들 역시 영국에 대해 기본적으로 호의적이지 않았다. 그럼에도 불구하고 높은 실업률에 취업이 고민인 아일랜드 청년들에게 유럽에서 성장세를 보이는 몇 안 되는 국가이자 유럽의 금융 허브인 영국 런던은 동경의 대상이라는 점은 참 아이러니하다.

영국 공항에 가면 오랫동안 식민 지배를 했던 아일랜드 국민에 대한 영국의 배려도 엿볼 수 있다. 루톤 공항 등 런던 공항에는 더블린 공항에서 입국하는 사람들을 위한 통로가 따로 있다. 더블린에서 런던으로 향할 때는 다른 유럽 지역에서 런던으로 향할 때보다 더욱 간편해진 입국절차만 거치고 공항을 빠져나갈 수 있었다.

내셔널 갤러리 오브 아트

내셔널 갤러리 오브 아트는 아일랜드 최대 국립 미술관이다. 1854년에 설립됐고 대중에게는 1864년에 공개됐다.

영국 런던 내셔널 갤러리는 정문에서 갤러리를 바라만 봐도 그 큰 규모에 압도된다. 계획을 미리 세워놓지 않고 들어갔다가는 뭘 봐야 할지 우왕좌왕하다가 시간을 보내기 십상이다. 그런데 더블린 내셔널 갤러리는 외관만 봐도 아주 작은 미술관이라는 것을 알 수 있다. 대학원 1학기의 한 수업이 미술관과 두 건물을 사이에 두고 있었는데, 수업을 오가면서 거의 매일 지나쳤지만 알아보지 못했다. 나중에 미술관에 가자는 친구의 손에 이끌려 그곳에 가서야 수업을 듣던 건물과 미술관이 아주 가까이 있다는 걸 깨닫게 됐다. 런던 내셔널 갤러리와 다르게 더블린 내셔널 갤러리는 신식 건물이다. 관심을 가지고 이리저리 뜯어본 이후에는 주위 다른 건물들보다 디자인 측면에서 특별히 공을 들인 세련된 건물이라는 것을 알 수 있었다.

내부는 작지만 고급스러웠다. 특히 하얀 벽면과 높은 천장 때문에 내부가 넓고 세련돼 보였다. 이곳의 입장료는 무료인데 입구에 들어서면 자유 의지로 내고 싶은 만큼 내라는 기부함이 있고 왼편에는 기념품 매장이, 오른쪽에는 갤러리 카페가 있다. 소박하지만 깔끔하고 정갈한 카페도 예뻐 보였지만 미술관 규모에 비해 조금 크다 싶을 정도로 각종 페인팅 제품, 작품의 모형 사진 등 사고 싶은 것들이 가득한 기념품 매장에 제일 먼저 마음을 빼앗겨 버렸다.

입구에서 조금만 더 들어가 왼쪽으로 꺾으면 3개의 전시실이 나온다. 아담한 미술관 규모에 맞게 전시 작품 규모는 예상했던 대로 작다. 한 전시실마다 50개 안팎의 작품이 전시돼 있었다. 내가 특히 좋아했던 전시실은 생소하지만 그래서 더욱 신선했고 감동적으로 다가왔던 아일랜드 작품들을 만날 수 있는 Irish paintings and work(아이리시관) 관이었다.

난 이곳에서 생전 처음 이름을 들어보는 작가들, 그럼에도 첫 만남에서 내 마음속에 쏙 들어온 작품들을 만났다. 바로 잭 버틀러 예이츠(1871~1957)의 작품이다. 학창시절 문학 시간 한 번쯤은 들어봤을 시인 윌리엄 버틀러 예이츠의 동생이다.

내셔널 갤러리

물론 이 사실도 처음 알았다. 그의 아버지도 화가였고, 시인 예이츠도 그림을 그리다 시로 전향했다고 한다. 화가 예이츠는 아일랜드적인 주제를 낭만적으로 표현해 아일랜드 민족주의 미술을 고취시키는데 기여했다고 한다.

초기에는 주로 신문과 책에 들어가는 삽화를 그리다가 아일랜드 독립투쟁 시기를 거치면서 민족주의를 고취시키는 강렬한 작품 스타일을 구축했다. 주로 아일랜드 풍경, 동물들, 마을 사람들 등 풍경화를 많이 그렸는데 작품의 전체적인 분위기는 대체적으로 당시 암울했던 시대적 상황을 보여주듯 어둡다.

〈For the Road〉 잭 버틀러 예이츠
출처: 아일랜드 내셔널 갤러리

특히 내가 그의 작품에서 가장 좋아하는 그림은 말을 주제로 한 'For the Road'다. 그는 다양한 각도에서 다양한 몸짓의 말을 묘사한 그림을 여러 장 그렸는데, 그 가운데서도 이 그림이 가장 좋다. 나는 이 그림이 머나먼 미지의 세계를 향한 여정의 출발선상에 선 두려움과 희망이 뒤섞인 모습을 표현한 것이라고 생각했다. 그래서 이국땅인 아일랜드에서 새로운 도전을 하며 두려움과 설렘이 교차하는 나의 상황을 그대로 비추는 것 같아 더욱 와 닿았다. 말이 두발을 들고 도약하는 역동적인 모습을 보면서 희망과 에너지를 받아가는 느낌이었다.

아이리시 관에는 예이츠의 작품과 대비될 정도로 밝고 맑은 그림이 눈에 띄는데, 바로 윌리엄 존 리치(1881~1968)의 'A Convent Garden'(수녀원 정원)이다. 하얀 백합꽃들이 만발한 수녀원 정원에서 청초한 모습의 한 수련 수녀가 하얀 가운을 입고 성경책을 두손으로 감싼 채 고개를 비스듬히 들고 어느 곳을 지긋이 바라보고 있다. 종교에 귀의하겠다는 서약을 하기 바로 직전의 수녀의 모습을 묘사한 것이다. 화려한 색감이 등장하진 않지만 수녀가 입고 있는 하얀 드레스와 연두색 풀밭이 햇살에 비춰 밝게 빛나고 그 밝음이 뒤의 그림자 속에 감춰진 초목과 대비를 이루면서 그림이 전체적으로 오묘한 조화를 이루고 있다.

내가 느낀 건 딱 이 정도였는데, 이 작품에 대한 해설을 보니 나뭇가지 등 초목의 강력한 에너지와 청초하고 연약한 주인공의 모습이 대비를 이뤄 적절한 긴장감을 불러일으키고, 수련 수녀의 아주 개인적이고 중요한 사건을 허락 없이 지켜보는 짜릿한 느낌을 들게 해 독자들로 하여금 눈을 떼지 못하게 한다고 적혀있었다. 이 같은 내용을 알고 그림을 다시 바라보니 또 새롭게 다가왔다.

〈A Convent Garden〉 윌리엄 존 리치
출처: 아일랜드 내셔널 갤러리

리치의 첫 번째 아내가 이 그림의 모델이다. 그녀는 이후에도 종종 그의 그림 속 모델로 등장한다. 알려진 바에 따르면 리치와 만날 당시 그녀는 다른 사람의 아내였다. 그녀가 전 남편과 이혼한 후에야 그들은 결혼을 할 수가 있었다. 이러한 배경을 바탕으로 이 그림을 하얀 드레스를 입고 있고 하얀 백합에 둘러싸인 새 신부의 순결과 약속을 상징하는 웨딩 초상화로 해석하는 시각도 있다. 이렇게 아름다운 그림을 보고 있으면 문득 나도 그림이 그리고 싶어진다.

밀레니엄 윙(Millenium Wing)에는 빈센트 반 고흐, 파블로 피카소 등 유럽 유명작가 작품들이 전시돼 있다. 작품 수는 많지 않지만 소박하고 아담한 공간에서 작품들을 천천히 여유를 갖고 볼 수 있다.

내셔널 갤러리는 매달, 또는 분기마다 전시 작품을 바꾸기 때문에 규칙적으로 가면 기대하지 못하게 마음을 사로잡는 새로운 작품을 만날 수도 있다. 영국의 영향을 받아서 그런지 웬만한 박물관, 미술관 등은 다 무료인데 이곳도 마찬가지라 부담 없이 갈 수 있어 더욱 좋다.

브라우니와 밀크티의 환상의 조합, KC Peaches 카페

더블린도 영국만큼은 아니지만 스페인, 포르투갈 등 남부 유럽 지역보다는 확실히 외식비가 비싸다. 학교 정문 앞 스타벅스의 아메리카노가 2013년 9월 당시 환율이 유로 당 1,500원 했을 때 2.5유로, 즉 우리 돈으로 약 4,250원이었으니 한국의 3,800원보다 비쌌다. 그런데 커피 맛은 왜 그렇게 없는지. 한국에서는 스타벅스가 커피 값만 따지면 비싸긴 해도 무료 와이파이, 넓은 공간 등 커피 이상의 편의를 제공해 자주 갔었다. 그런데 더블린의 스타벅스는 똑같은 편의를 제공해도 맛없는 커피 맛에 가기가 싫었다. 스타벅스, 그리고 비슷한 가격에 비슷한 양의 커피를 주는 영국 커피 체인인 코스타가 한 블록 건너 하나씩 있었지만 그곳의 커피 맛도 나한테는 영 맞지 않았다.

그러다가 더블린 토박이 친구를 따라 간 곳이 KC피치스 카페다. 밖에서 볼 수 있는

KC 피치스 카페 내부

창문 바로 안쪽에 깊고 진한 맛의 달달한 초코 브라우니, 생강 쿠키, 각종 케이크, 타르트 등 온갖 간식거리를 즐비하게 진열해 놓아 그 앞을 지나갈 때마다 유혹에 사로잡히곤 했는데, 그때마다 혼자 들어가기 쑥스러워서 그냥 지나쳤다. 그러다 친구가 좋은 카페가 있다며 데리고 갔는데 내가 가고 싶어 하던 그곳이었다. 트리니티 컬리지 옆문으로 나와 메리언스퀘어 쪽으로 조금만 걸어가면 나소 스트리트에 그 카페가 있다.

전체적으로 목재를 이용하고 민트색과 흰색의 페인트를 덧발라 내부를 세련되게 꾸몄다. 커피와 차 종류, 간단한 샌드위치, 각종 케이크는 물론 그라탕 등 더운 음식, 차가운 샐러드 등을 판다. 식음료와 샌드위치, 각종 케이크 등은 개별로 지불하고 먹어야 하고, 샐러드와 더운 음식은 접시 크기를 골라 먹고 싶은 만큼 담을 수 있다. 작은 접시가 4.75유로, 중간이 7.80유로, 큰 접시가 9.90유로다. 제일 큰 접시는 그때 당시 환율로는 1만 5,000원이나 했는데, 학생들은 점심에 이런 거금을 투자하지 않는다. 제일 작은 접시를 골라 볶음밥, 고기요리, 감자요리, 파스타, 야채 등을 요령껏 수북하게 담는다.

트리니티 학생증을 들고 가면 10% 할인해주는 것도 이곳에서 점심을 자주 먹은 이유다. 학생들을 위한 Student deal(학생 메뉴)도 있는데, 작은 박스(작은 접시의 테이크 아웃용)+필터 커피(또는 아메리카노, 차)+쿠키가 6유로다. 나름 만족스러운 메뉴다.

1층 주방에서 직접 파니니 등 주문 받은 음식을 요리하는 모습을 지켜보면서, 또 뻥 뚫린 창을 통해 바깥 풍경을 구경하면서 음식을 먹는 것도 즐겁다. 그런데 여기에 온 사람들이 대체로 1층에서 음식을 먹고 대화를 나누기 때문에 보통 점심시간은 항상 붐비고 왁자지껄하고 가끔은 자리가 없기도 하다. 그래서 친구랑 나는 처음 방문한 날부터 항상 지하로 내려가서 식사를 한다. 저녁이 되면 와인 바로 변신하는 이곳은 1층의 3배 정도로 공간이 넓고 희미한 조명으로 아늑한 분위기를 연출한다. 이곳은 언제가도 자리가 있어 앉아있고 싶은 만큼 앉아서 이야기를 하고 여유를 즐길 수 있는 곳이다.

내가 그곳을 즐겨갔던 또 다른 이유는 밀크티다. 내가 갔던 2013년 하반기에는 홍차 한잔이 1.70유로였다. 손잡이가 달린, 그러나 커피잔 보다는 대접에 가까울 정도로 큰 잔에 티백과 물을 가득 따라 주는데, 취향에 맞게 테이블에 놓인 우유와 각설탕을 넣어먹는다. 우유 적당량과 각설탕 2개면 '아, 정말 행복하다.'라고 느낄 만큼 맛있는 밀크티를 즐길 수 있다. 아일랜드에 가기 전에도 홍차는 먹어봤다. 그런데 주로 따뜻한 물에 티백을 풀어 연하게 우려낸 차를 마시는 것에 그쳤다. 홍차 우린 물에 우유와 설탕을 넣어 고소하고 달콤하게 먹는 밀크티는 처음 접했는데 신선하고 맛있었다.

그래서 KC피치스의 지하는 친구와 나의 아지트가 됐다. 과제에 지치거나 시험을 망쳐서 우울할 때는 따로 약속을 하지 않아도 그곳으로 갔다. 그냥 초콜릿 맛을 약간 첨가한 게 아니라 진하고 찐득찐득한 초콜릿 맛이 입안에서 오랫동안 맴도는 묵직한 브라우니와 달달한 밀크티의 조합은 안고 있던 모든 시름과 고민을 순간적으로나마 잊게 해주는 묘약이다. 그렇게 반복적으로 먹다보면 살이 엄청나게 불어난다는 부작용이 있긴 하지만 말이다. 생일을 맞아 친구들과 한 끼 근사하게 먹고 싶을 때도 우리는 그곳으로 갔다. 점원들이 자주가면 알아보고 눈인사도 해준다. 대학교 바로 앞에 있어 학생 손님들이 많아서 그런지 유난히 학생들에게 너그러웠던 점원들의 친절도 그곳에서의 경험을 행복하게 기억하게 만드는 이유다.

KC 피치스 카페 입구

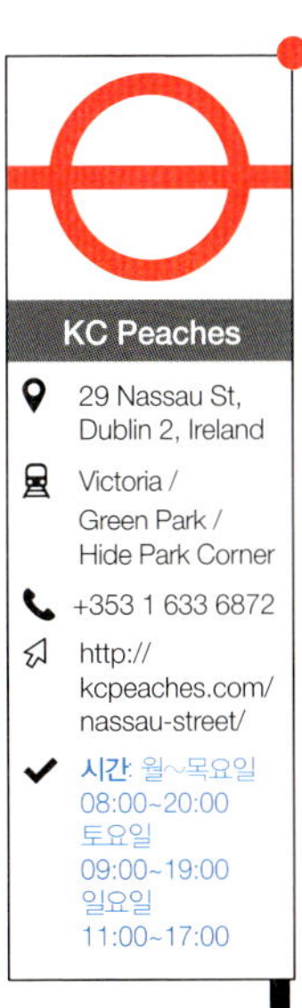

아이리시들의 사랑방 '펍'

아일랜드 하면 기네스 맥주가 떠오르고, 기네스의 명성만큼이나 아일랜드에는 맥주나 다른 술을 마시는 펍 문화가 발달해 있다. 더블린의 명물 '템플바(bar)'를 비롯해 다양한 펍들이 모여 있는 더블린의 핫 스폿 '템플바 스트리트'는 좋은 점인지 나쁜 점인지는 모르겠지만 내가 다니던 트니티니 컬리지와 5분 거리에 있었다. 그렇다 보니 정말 펍에 자주 갔다. 리딩룸에서 과제에 지쳤을 때 머리를 식히기 위해 친구들과 펍에 들러 맥주나 사이더 한잔을 시켜놓고 수다를 떨며 스트레스를 날려버리곤 했었다. 저녁에 특히 붐비는데 일을 마친 직장인들이 집에 가기 전 시원하게 목을 축이러 오기 때문이다. 우리나라 치맥 역할을 펍에서 맥주와 감자튀김이 하고 있었다. 그런데 이상하게 낮에도 사람들이 많았다. 점심 먹고 간단히 맥주 한 잔 하는 것이 자연스러운 문화인 듯 했다. 낮에는 펍 내부에서 맥주를 마시기보다는 맥주 한잔을 받아들고 밖으로 나와 야외 벤치에 앉거나 거리에 서서 마시면서 햇살과 맑은 날씨를 즐기는 분위기였다. 친구들과 나도 처음에는 호기심에 이곳저곳의 펍을 다녀보았다. 템플바 스트리트에 있는 대부분의 펍을 거의 다 들러본 이후에야 마음에 드는 곳 한 곳을 정해 아지트처럼 쭉 다녔다.

더블린에서도 친구들과 함께 여러 펍을 다녀보았지만 아일랜드에서 가장 기억에 남는 펍은 더블린이 아니라 골웨이에서 갔었던 펍이다. 더블린에서 들렀던 펍들은 여전히 해야 하는 숙제를 가득 남겨둔 채 잠시 짬을 내 들렀던 것이 대부분이라 펍에 앉아 있으면서도 마음에 여유가 없었다. 좋긴 했지만 특별한 일로 기억될 만큼 인상적이지는 않았다.

그러나 친구들과 충동적으로 아기자기한 해안가 도시 골웨이로 기차여행을 가서 도착한 날 밤 늦게 들른 펍은 잊을 수 없다. 펍 'Irish' 입구는 정말 작은데 일단 안으로 들어가면 내부 크기를 짐작할 수 없을 정도로 넓은 공간이 펼쳐진다. 라이브 밴드의 파워풀한 연주가 흥을 돋우었고 아이리시들이 밴드 연주에 맞춰 노래를 따라 부르는 것도 멋졌다. 당시에는 최신곡이던 The Republic의 'Counting Stars', 스테디셀러인 Oasis의 'Don't look back in anger' 등은 나도 아는 노래라 따라 불렀다. 과제에 쫓겨 1~2 시간 제약을 두고 다녔던 더블린 펍과 달리 밤새 놀 수 있던 여유로움도 골웨이 펍을 기억하게 하는 이유가 아닐까 싶다. 그때 마침 결혼을 한 신랑 신부의 피로연이 그곳에서 진행됐는데, 웨딩드레스와 턱시도를 그대로 입은 그들과, 또한 생판 모르는 하객들과 어깨동무를 하고 밴드 연주에 맞춰 춤을 췄던 것도 잊을 수 없는 추억이다.

템플바 거리

템플바 거리 벼룩시장

03

더블린
쇼핑 팁

아일랜드의 감성을 느껴보고 싶다면, 아보카(AVOCA)

그라프톤 스트리트 초입에서 피자헛이 있는 서포크 스트리트 쪽으로 올라가다보면 AVOCA라는 샵이 나온다. 소품, 책, 의류, 화장품, 액세서리, 키친 웨어, 음식, 장난감, 목욕 용품 등 없는 게 없는 종합잡화점이다. 지하 1층에서 지상 3층으로 돼 있는데 계단 내려가는 길목마다 상품들을 아기자기하게 진열해 놓고 있어 구경하는 내내 눈길을 떼지 못한다.

지하에는 샌드위치, 케이크, 커피, 차 등 앉아서 간단히 먹을 수 있는 작은 푸드 코트가 있고, 커피, 차, 각종 양념, 잼, 랴자냐나 스프처럼 데워 먹기만 하면 되는 레토르트 음식, 빵 등도 포장해 판다. 제일 위층인 3층에는 지하보다 좀 더 격식을 차린 카페가 나온다. 여기서 파는 12.55유로의 아이리시 블랙퍼스트 세트(스크램블 에그, 포토벨로 버섯, 베이컨, 소시지, 토마토)는 일반 펍에서 파는 세트(7~8유로) 보다 약간 비싸지만 아늑한 분위기와 신선한 음식 맛은 충분히 돈 값을 한다는 느낌을 받는다.

아보카 내부

이곳에서 가장 눈여겨봐야 하는 것은 아보카 2층 매장에 진열돼 있는 담요, 스카프, 옷 등 양모로 만든 아보카 직물들이다. 아일랜드를 여행하면서 가장 흔하게 볼 수 있는 풍경 중 하나가 푸른 잔디밭에서 풀을 뜯고 있는 양떼들의 모습이다. 아일랜드 양의 수는 약 600만 정도의 인구보다 많다고 한다. 이런 관점에서 보면 아보카가 양모를 이용한 직물산업으로 사업을 시작한 것도 자연스럽게 이해가 간다. 아보카의 역사는 18세기 위클로우 지역의 작은 마을 아보카의 직물공장에서 시작된다. 그 당시에는 농부들이 양을 직접 기른 후 털을 깎고 그 털로 실을 짜고 옷감을 짰고, 직물들의 색깔은 대체로 양털의 천연색을 그대로 사용했다고 한다.

직물사업은 조금씩 발전을 거듭했고 아보카는 양모 고유의 색상에서 벗어나 자연에서 추출한 강렬한 색상들—빨강, 초록, 노란색 등—을 직물에 넣는 변화를 시도했다. 결과는 성공적이었고 영국의 조지 6세, 엘리자베스 여왕 2세의 자녀들까지 아보카 직물을 이용하면서 더욱 유명해졌다.

현재 아일랜드 전역에 11개의 아보카 매장이 있다. 각 매장마다 똑같은 제품 외에도 그 지역의 특성을 가미한 제품들을 팔기 때문에 비교하는 재미도 있다. 그런데 아보카 직물 제품들은 명성에 걸맞게 그리 저렴하진 않다. 어깨에 걸치는 직물 망토가 139.95유로(한화 약 17~18만 원, 2016년 8월 환율 기준) 정도 한다.

아일랜드 추억을 가지고 싶다면, 캐롤스(Carrolls)

그라프톤 스트리트를 쭉 따라 올라가다보면 세인트그린 백화점이 나오기 직전에 캐롤스가 있다. 더블린에는 아기자기한 상점이 많아 구경하기 좋은 곳들이 널렸다. 그런데 더블린을 다른 유럽 도시와 함께 여행한다면 더블린에서 딱히 살만한 것은 없다. 프랑스 파리나 영국 런던에 모든 것이 다 있으니 말이다. 그럼에도 불구하고 아일랜드를 기념할 만한 것을 지인들의 선물로 어떻게든 사가야 한다고 하면 캐롤스를 둘러보면 좋다.

더블린 마크가 들어간 후드티, 열쇠고리, 아일랜드의 상징 기네스 맥주 컵 등 다른 나라에서는 절대 볼 수 없는 더블린 관련 기념용품을 파는 곳이다. 열쇠고리 등 전통적인 기념품도 선물용으로 괜찮지만 개인적으로 기네스 맥주 맛이 나는 초콜릿을 추천한다.

한국에도 술을 약간 넣은 초콜릿을 팔긴 하지만 기네스 맥주의 풍부한 맛을 가미한 초콜릿은 더블린에 와서 처음 맛보았다. 맥주 향이 입안을 감싸면서도 쌉쌀한 카카오 맛이

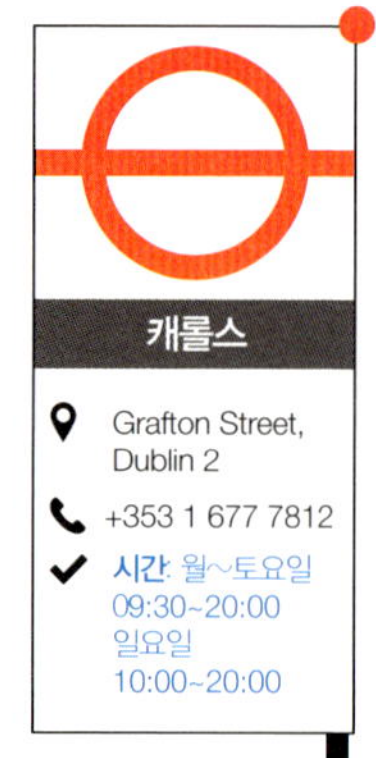

캐롤스 외관

살아있다. 상당히 오묘한 맛이었는데 먹다보면 중독된다. 맥주 맛에 카라멜, 트뤼플 향이 가미된 기네스 초콜릿도 있지만 나는 맥주 향과 카카오 맛을 풍부히 느낄 수 있는 오리지널 맛이 가장 좋았다. 아일랜드 방문 기념으로 두고두고 먹어도 좋고 3유로 안팎의 그다지 비싸지 않은 가격이니 지인에게 선물하기도 그만이다. 기네스 맥주가 만들어지는 과정을 체험할 수 있는 더블린에 위치한 '기네스 팩토리'에도 이 초콜릿을 파는데, 캐롤스에서 사는게 50센트 정도 더 저렴하다.

위 캐롤스 내부
아래 캐롤스 기네스 초콜릿

시슬리 매장 내부

더블린에서 만나는 유럽 감성, 베네통, 시슬리

더블린에 1년 동안 살면서 필요한 계절별 옷들은 한국에서 다 가져갔지만 그럼에도 불구하고 가끔 충동적으로 옷을 사고 싶기도 하고, 때때로 예상치 못한 행사에 갈 일이 생기면서 장소에 걸맞는 옷을 사야 하기도 했다. 스타킹이나 양말 같은 간단한 것들은 저렴한 옷 천국인 '페니즈'에서 사면된다. 그런데 격식을 갖춰야 하는 행사에 초대받거나 가끔 세련되면서도 품질 좋은 옷들을 사러가기에는 적합하지 않은 곳이다.

그러다가 발견한 것이 쇼핑 지구인 그라프톤 스트리트에 있는 '시슬리'다. 한국에도 들어와 있어 잘 알려진 이탈리아 옷 브랜드이다. 한국에서는 재킷 하나에 20~30만 원대 하는 약간은 비싼 브랜드로 여겨지는데, 여기서는 거의 3분의 2 정도 가격에 한국에는 안 들어오는 예쁜 디자인의 품질 좋은 옷을 살 수 있다. 특히 여름이나 겨울 시즌 마감 세일을 할 경우 최대 70% 할인 가격에 옷을 판다. 운 좋게 사이즈가 맞는 옷을 구입한다면 정말 득템을 할 수 있다. 실제 나는 이곳에서 원래 200유로 하던 코트를 60유로(당시 1,500원 환율로 약 9만 원)에 구입하기도 했다. 굳이

시슬리 매장 내부

세일을 하지 않는 평소에 둘러보아도 한국과 비교하면 저렴하다는 생각이 들었다. 시슬리가 기본적으로 품질이 어느 정도 보장된 브랜드이기도 하고 한국에는 들어오지 않는 유럽 감성 디자인들도 많아 옷을 사고 싶을 때는 빼놓지 않고 들렀고, 옷을 사고 나면 항상 만족했던 곳이었다.

시슬리 매장에서 더 위로 올라가면 세인트그린 백화점 1층에 베네통이 있는데, 여기도 마찬가지다. 한국에서는 비싼 베네통 옷을 저렴하게, 세일 때는 더욱 저렴하게 살 수 있다. 더블린에 오는 여성 여행객이라면 추천한다.

Epilogue

영화나 드라마에 등장한 영국문화와 역사를 대표하는 장소들에 대한 책을 쓰기 위해 이전에 봤던 영화나 드라마를 수차례 다시 봤다. 앞서 런던 여행 시절 갔던 곳들에 대한 기억을 더듬어 그때의 감상을 쓰다가 다시 그 장소와 관련된 영화나 드라마를 보면 전에는 못 보고 지나쳤던 런던의 새로운 모습이 보이기도 했다.

몇 차례의 여행에서 런던을 보고, 듣고, 몸으로 느끼고 돌아와서 기억과 기록을 더듬어 그곳에 대해 글을 쓰고, 그곳에 대한 드라마나 영화를 보면서 다시 런던을 떠올리는 과정을 반복하고, 이 책을 마무리하기 위해 런던을 다시 찾아 영화와 드라마의 감동을 되새기니 런던이 더 이상 멀고먼 이국땅이 아니라 마치 오래 살았던 곳처럼 친숙함과 편안함이 느껴진다. 이제는 런던 시내가, 주요 명소들이, 튜브 역이 머릿속에 생생하게 그려질 정도다.

과거를 그대로 보존하면서 빠르게 변하는 현대에 영리하게 적응하는 런던의 모습에서 무한한 매력을 느낀다. 런던의 활기, 고색창연함, 새침함 등 다양한 모습들을 매력적으로 포착한 드라마나 영화들을 볼 때마다 당장 런던으로 날아가 영화 주인공들처럼 멋지게 런던 구석구석을 누비고 싶은 욕구가 샘솟는다. 독자들도 이 책을 통해 런던의 매력에 빠질 수 있었으면 좋겠다.

더블린은 런던과는 비슷하면서도 다른 매력을 가진 도시다. 런던만큼 관광객들에게 알려지지 않았고 인기도 덜한 탓에 관광산업에 대한 국가 차원의 지원도 런던에는 못 미친다. 이에 따라 교통이나 숙박 시설, 지도, 표지판, 안내판 등 여행객 친화적(Tourist friendly)인 관광 시스템도 런던만큼 갖춰지지 않았다. 그러나 바꿔 말하면 런던보다 상업성에 덜 물들었기 때문에 역사의 흐름에 맞춰 변화해 온 고유의 모습을 더 잘 감상할 수 있는 곳이기도 하다.

여행을 떠난다는 것, 그래서 더 많은 것을 보고 느끼고 체험한다는 것은 우리가 알고 있던 세계의 폭을 확장시켜 준다. 나의 경험치가 커져 낯선 것들이 익숙해지고 몰랐던 것을 알게 되면, 그만큼 다른 문화와 타인에 대한 관용도 커진다. 또한 여행을 하면서 새로운 것들을 경험하고, 이런저런 예기치 못한 일을 겪고, 또 그것을 극복하는 과정에서 나도 모르게 인내심과 적응력도 커지는 것 같다. 이 같은 내적 성장을 경험하고 돌아오면 지금까지 견딜 수 없는 큰 스트레스로 다가왔던 일상의 여러 가지 일들을 자신감 있게 헤쳐 나갈 수 있게 되는 것 같다. 여행을 통한 새로운 경험들은 앞으로의 인생을 살아가는데 소중한 밑거름이 되는 것이다. 이것만으로도 우리가 계속 여행을 해야만 하는 충분한 이유가 되지 않을까 생각한다. 마지막으로 이 책을 쓰는 데 도움을 준 친구 Rebecca와 Rob에게 감사의 말을 전한다.